Sonomono

Knit wear & Goods

原色线编织的
棒针毛衣和小物

日本E&G创意 编著
刘晓冉 译

河南科学技术出版社
·郑州·

Contents

目 录

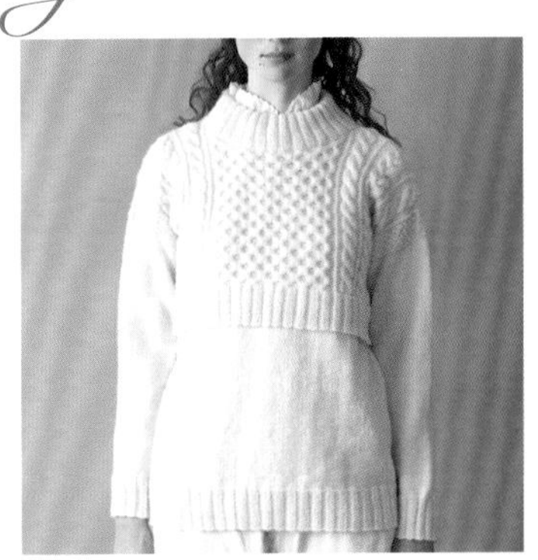

L

Q、R

A

蓬蓬袖的毛衣

设计和制作：marshell

制作方法：p.38

线材：Sonomono Hairy

用起伏针编织的织片十分简洁，搭配蓬蓬袖，提升了这款毛衣的可爱度。
毛线的触感轻柔、蓬松，穿着非常舒适。

B

双色圆领毛衣

设计：河合真弓
制作：石川君枝
制作方法：p.42
线材 ：Sonomono Alpaca Boucle

这款用线圈形状的毛圈花式线编织而成的毛衣质地蓬松，而且有厚度。简洁的双色搭配，更突显线材的特点。

C

麻花花样的开衫

设计和制作：池上 舞

制作方法：p.45

线材：Sonomono Alpaca Wool

这款开衫最引人注目的地方
就是又粗又密实的麻花花样。
不仅有甜美的感觉，起伏针
还打造出随性的风格。

D

蓬松材质的长款开衫

这款开衫用蓬松的线材编织而成，不仅十分轻柔，而且触感很好。因为很轻，所以即使是长款也不会因重量而拉长，轻柔又保暖。

设计和制作：风工房

制作方法：p.49

线材：Sonomono Hairy

E

镂空花样的开衫

这款开衫拥有漂亮的镂空花样，可以从初秋穿到初春，是一款能三季使用的单品。纽扣的设计各不相同，营造出随性的风格。

设计：冈本启子
制作：小出映子
制作方法：p.53
线材：Sonomono Hairy

F

阿兰花样的开衫

设计：冈本启子
制作：中川好子
制作方法：p.58
线材：Sonomono Alpaca Wool（中粗）

这款开衫不遗余力地展现了
阿兰花样的魅力，深灰色营
造出中性风。背后截然不同
的花样设计也期待您能喜欢。

G

编织花样的毛衣

设计：武田敦子
制作：亚砂子
制作方法：p.64
线材：Sonomono Alpaca Wool（中粗）

这款毛衣的前、后身片均呈 V 形配置了编织花样。
相同的花样不断重复，编织出细腻精致的花样。

多种花样的围脖

这款多种花样的围脖共使用了 4 种花样和 3 种毛线编织。材质不同，风格也不同，请您尽情享受搭配的乐趣吧。

设计和制作：野口智子

制作方法：p.68

线材：Sonomono（超级粗）、Sonomono Loop、Sonomono Hairy

阿兰花样的连指手套

这款用阿兰花样编织的连指手套，使用了肌肤触感良好的轻柔毛线编织。请您尽享极致的温暖与舒适。

设计：河合真弓
制作：关谷幸子
制作方法：p.70
线材：Sonomono Royal Alpaca

J

阿兰花样的毛衣

设计和制作：风工房
制作方法：p.72
线材：Sonomono Alpaca Wool（中粗）

这款毛衣的阿兰花样由麻花花样和蜂巢花样组合而成，身片分为上下 2 片制作，即使是 1 片也能展示出极致的效果。铺满两肋的花样和较宽的罗纹针编织都是这款毛衣的特点。

K

菱形花样的毛衣

设计和制作：风工房

制作方法：p.76

线材：Sonomono Alpaca Wool

菱形花样只由下针和上针编织而成。两肋充满立体感的花样，衬托出了菱形花样的简洁。

L

侧开衩马甲

设计和制作：镰田惠美子

制作方法：p.79

线材：Sonomono Alpaca Boucle

这款马甲因为是用线圈形状的毛圈花式线编织而成的，所以拥有厚实又蓬松的质感。几乎完全使用上针编织，而且两胁无须缝合，非常适合编织新手尝试。

肩部有装饰花样的套头衫

在简洁的下针编织的短袖套头衫肩部加上了装饰花样。编织身片和肩部，再做挑针缝合即可。

设计：冈真理子
制作：水野 顺
制作方法：p.81
线材：Sonomono Tweed

N

镂空花样的套头衫

这款短袖套头衫的编织花样中组合了镂空花样。袖窿没有减针，直编即可，制作方法十分简单。

设计：冈本启子
制作：铃木惠美子
制作方法：p.84
线材：Sonomono Alpaca Lily

O

肩袖有装饰的毛衣

设计和制作：野口智子

制作方法：p.86

线材：Sonomono Alpaca Wool

这款毛衣的特点是袖窿处的装饰。肩部罗纹针部分编织得长一些，再折回去，通过卷针缝合，呈现出充满立体感的设计效果。

勺子花样的围巾

这款勺子花样的围巾，织片
呈现出凹凸有致的质感。有
厚度，可以帮脖子充分保暖。

设计和制作：绿熊（Midorinokuma）
制作方法：p.90
线材：Sonomono Gran

Q、R

配色花样的帽子

用不同颜色的线，编织了这两款色调温柔的帽子。因为使用了配色花样编织，所以帽子厚实又暖和，宽宽的罗纹边和帽顶的绒球也是点睛之笔。

设计：冈本启子

制作：中川好子

制作方法：p.91

线材：Sonomono Gran

基础教程

右上1针扭针的交叉

※ 如果是（符号），则在步骤2中编织上针

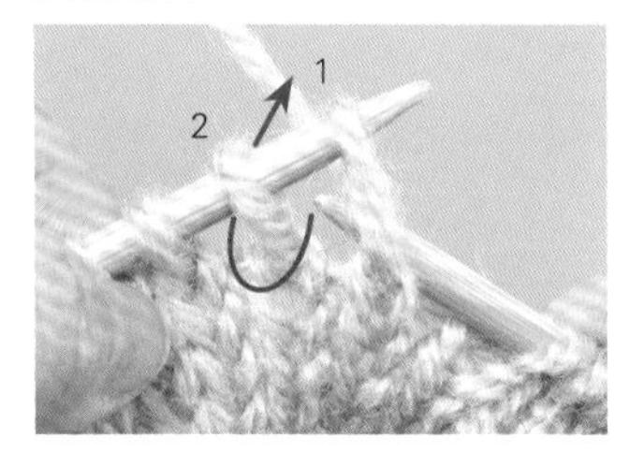

1 在第1针后侧的第2针中入针。

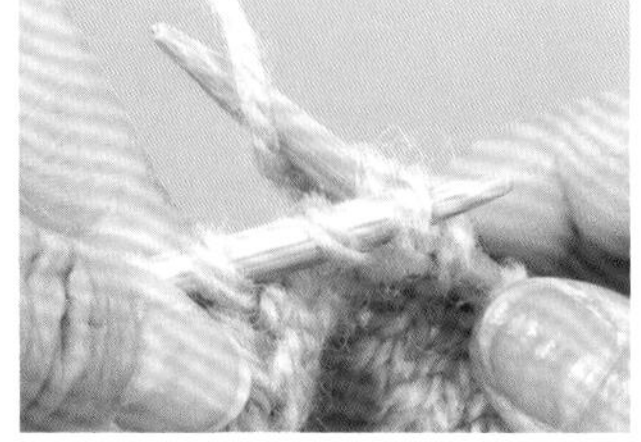

2 挂线，编织下针。

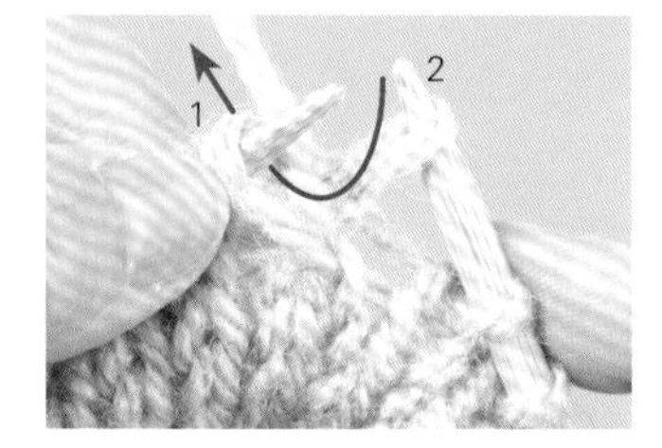

3 在第1针中入针，编织下针的扭针。

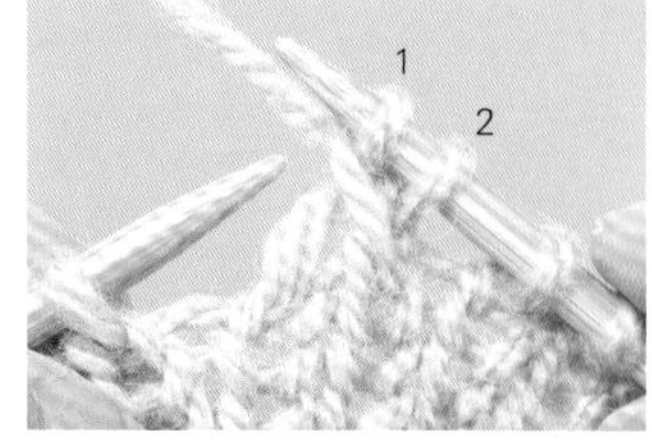

4 从左棒针上取下编织好的针目，右上1针扭针的交叉完成。

左上1针扭针的交叉

※ 如果是（符号），则在步骤2中编织上针

1 在第2针中入针，编织下针的扭针。

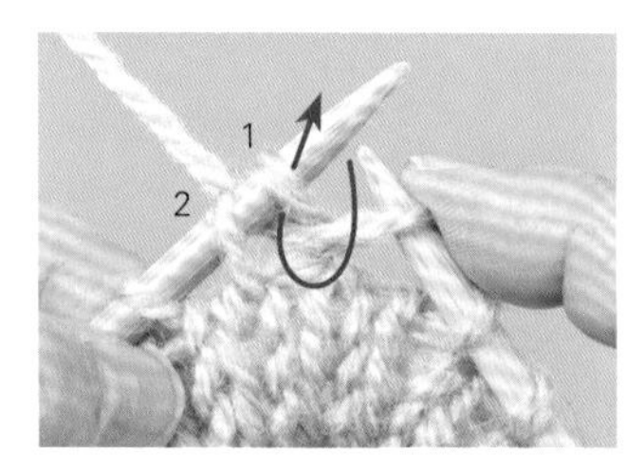

2 在第1针中入针，编织下针。

3 编织好下针的样子。

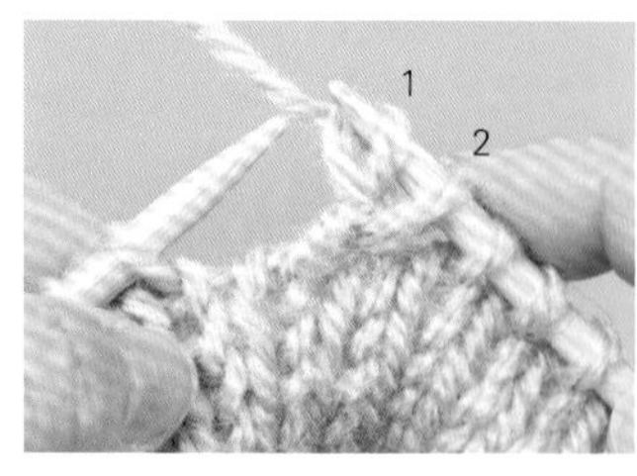

4 从左棒针上取下编织好的针目，左上1针扭针的交叉完成。

右上3针并1针

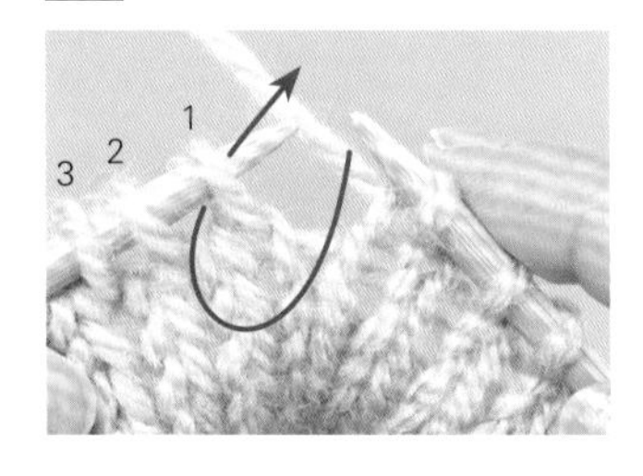

1 按照箭头方向，在第1针中入针，将针目移至右棒针上。

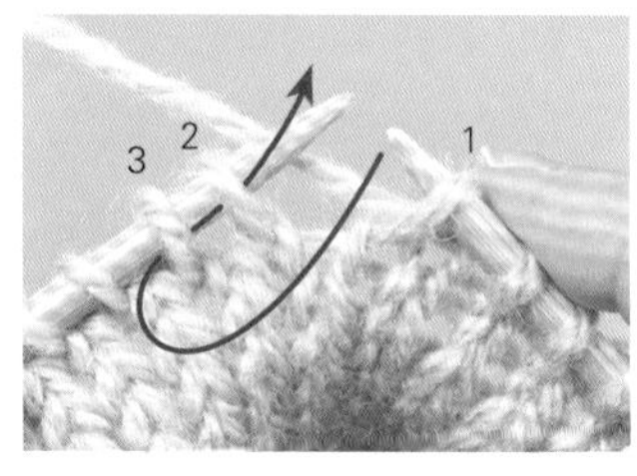

2 按照箭头方向入针，2个针目一起编织下针（左上2针并1针）。

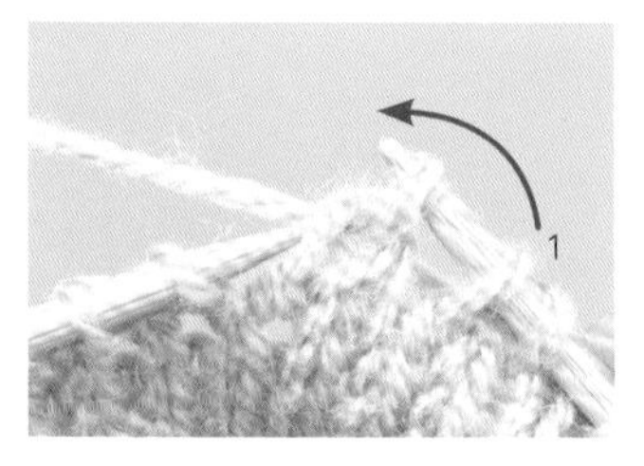

3 在移动后的针目中入针，盖在编织好的针目上。

4 右上3针并1针完成。

左上3针并1针

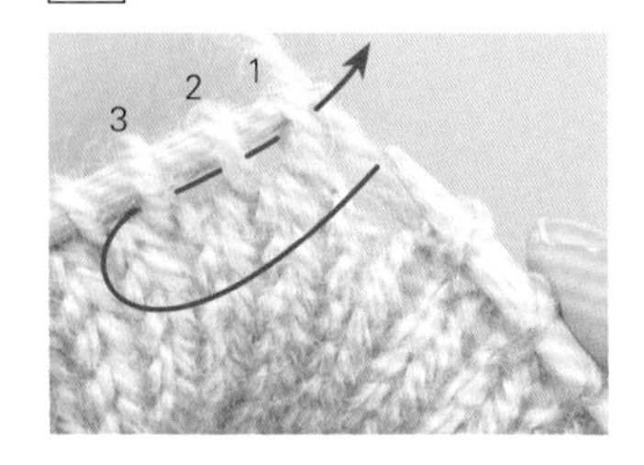

1 按照箭头方向，在3个针目中一起入针。

2 挂线，一起编织下针。

3 左上3针并1针完成。

肩部的引返编织

在编织图中粉色的1行时，需编织挂针和滑针

的编织方法（看着反面编织时）

1　编织挂针，按照箭头方向入针，移至右棒针（滑针）。这时，需将线放在左棒针的前面。

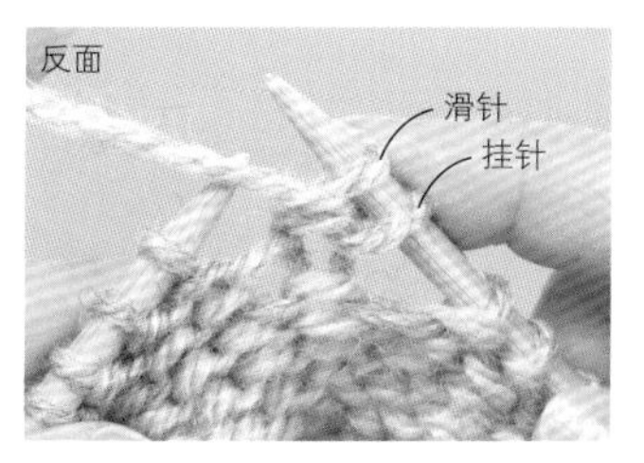

2　编织挂针和滑针后，引返编织就完成了。

的编织方法（看着正面编织时）

1　编织挂针，按照箭头方向入针，移至右棒针（滑针）。这时，需将线放在左棒针的后面。

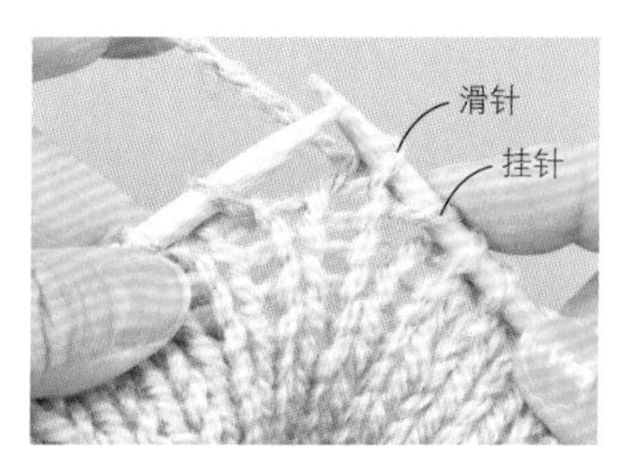

2　编织挂针和滑针后，引返编织就完成了。

消行

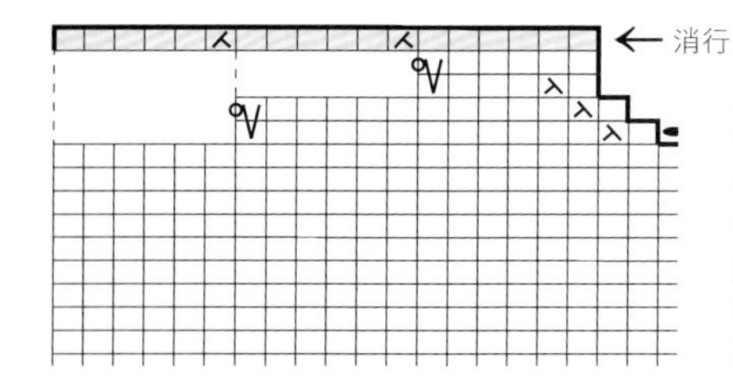

因为在引返中编织了挂针，所以如果直接编织下针，挂针的位置会出现一个洞。通过在消行中编织2针并1针，就能将织片调整均匀。这里用左肩进行讲解。

的编织方法

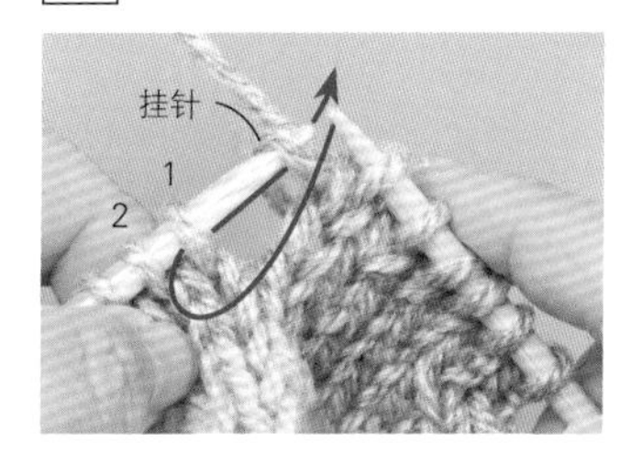

1　编织至引返编织的挂针之前，按照箭头方向入针。

2　挂线，编织下针（左上2针并1针）。右图为编织好的样子。如果是右肩，则编织右上2针并1针。

解开另线锁针的起针，编织罗纹针

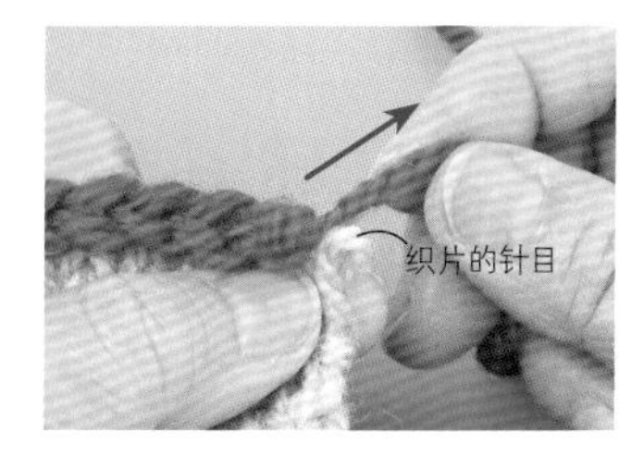

1　解开另线锁针起针的线头并拉出，露出织片的针目。

2　挑起织片的针目。这时，需注意不要扭转针目。

3　再拉线，挑起针目。

4　挑了多针的样子。将起针全部拆开，挑起所有针目。

5　挑起所有针目后，加入新线。

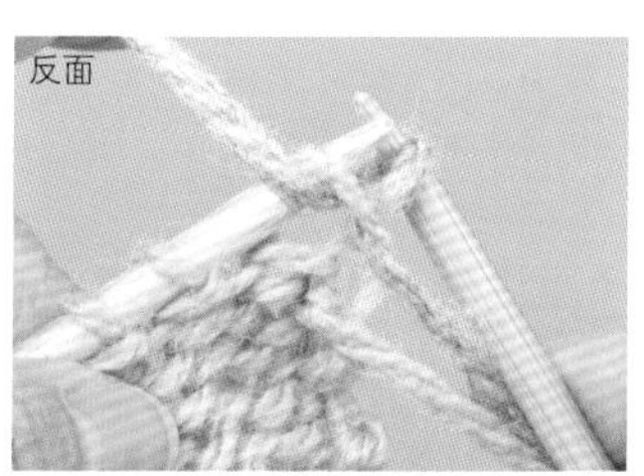

6　用新线编织上针，加线后的样子。

7　用新线编织好了1行上针的样子。

8　按照编织图编织罗纹针。

挑针缝合

罗纹针的情况

1 将2片织片正面向上对齐摆放，挑起左侧织片顶端内侧1针的起针。

2 挑起右侧织片顶端内侧1针的横线。

3 挑起左侧织片顶端内侧1针的横线。

4 左右交替挑起2片织片顶端内侧1针的横线。

5 实际制作时，需要一边将线拉紧至看不到的程度，一边缝合。注意保持织片的平整。

非罗纹针的情况

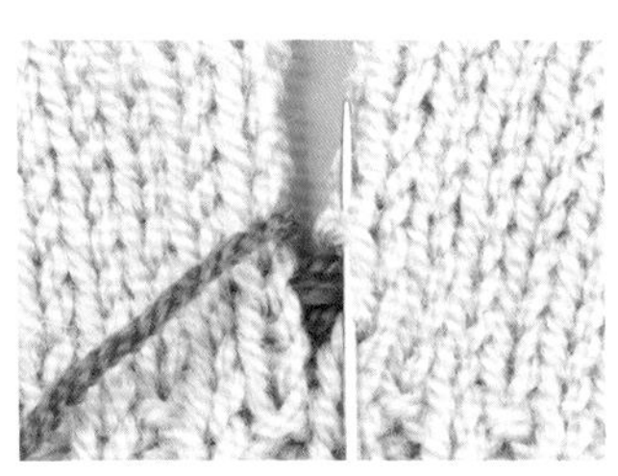

下针编织的织片或其他织片，也按照相同的方法挑针。起伏针的情况参照p.35。

盖针接合（针目与针目） 用于接合肩部

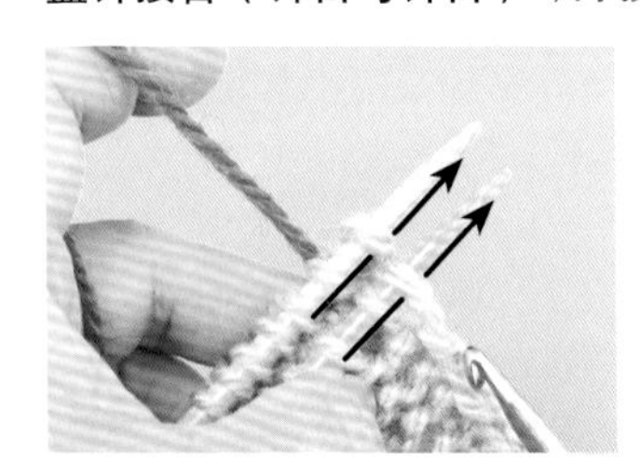

1 将2片织片正面相对对齐，按照箭头方向，将钩针分别插入顶端的1个针目中。

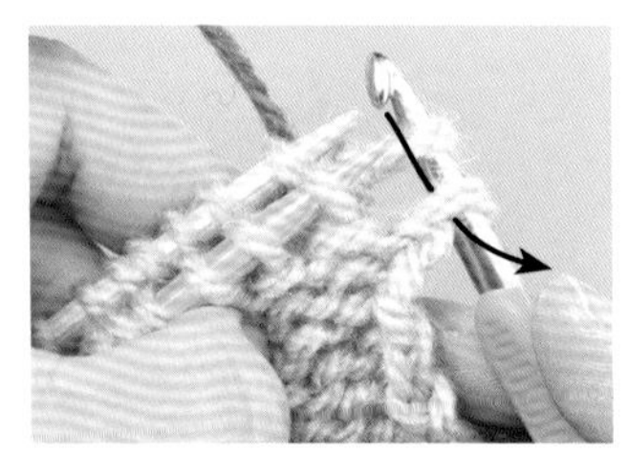

2 按照箭头方向，将外侧的针目从内侧的针目中引拔出。

3 引拔好的样子。

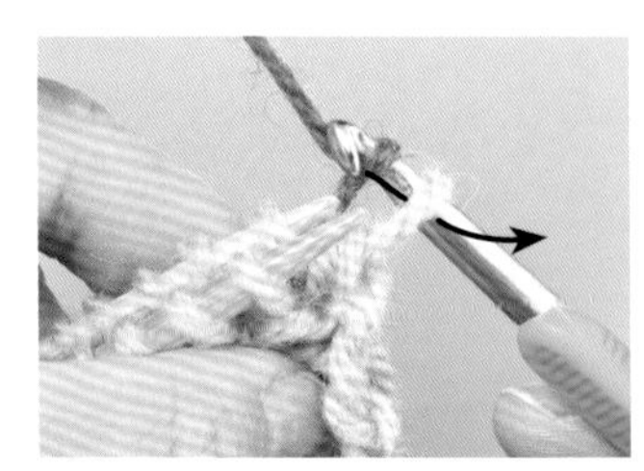

4 挂线后引拔。

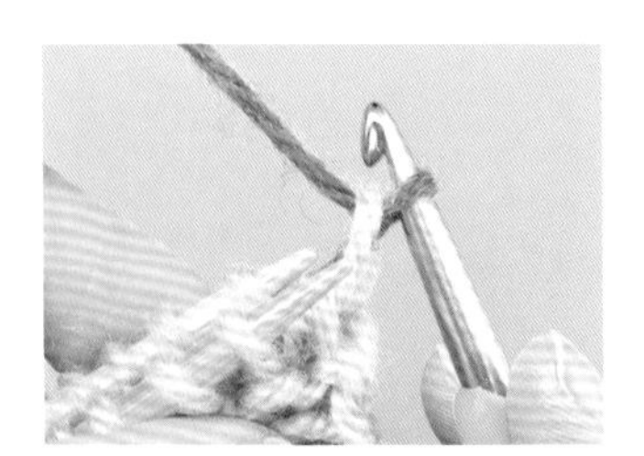

5 引拔完成的样子。

6 再重复一次步骤1~5的操作，盖针接合完成。

7 做好多针盖针接合的样子。

8 做盖针接合后，从正面看到的样子。特点是织片平整，从正面看不到接合线。

引拔接合（针目与针目） 用于接合肩部

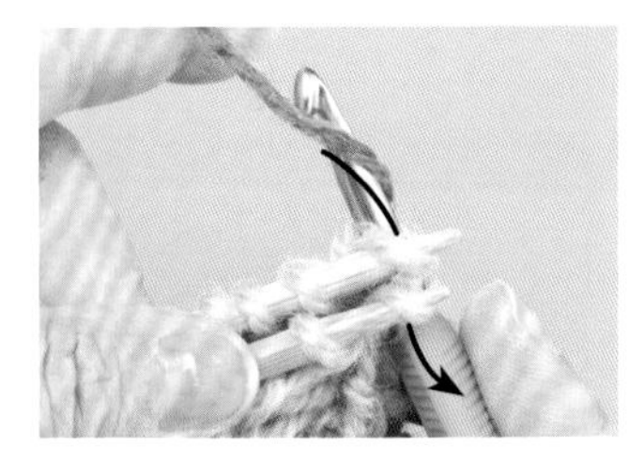

1 将2片织片正面相对对齐，将钩针分别插入顶端的1个针目中，挂线后引拔。

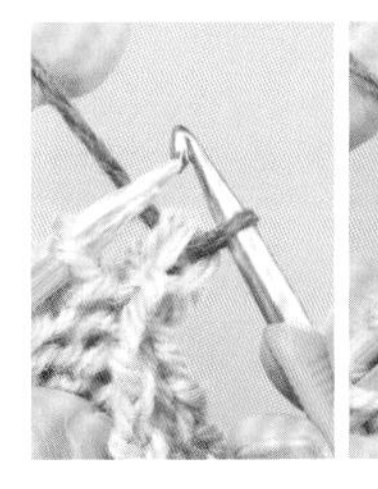

2 左图为引拔好的样子。继续将钩针分别插入2片织片顶端的1个针目中，挂线后引拔。

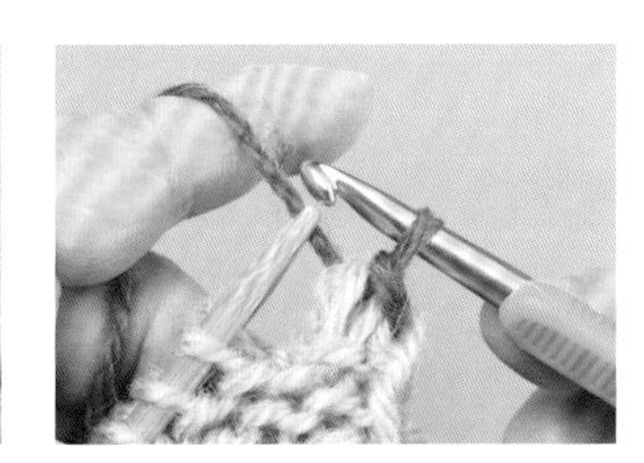

3 引拔接合完成的样子。

4 重复“将钩针分别插入2片织片顶端的1个针目中,挂线后引拔”的操作。特点是从正面能稍稍看到接合线，伸缩性小，接合牢固。

引拔接合（针目与行） 用于接合衣袖

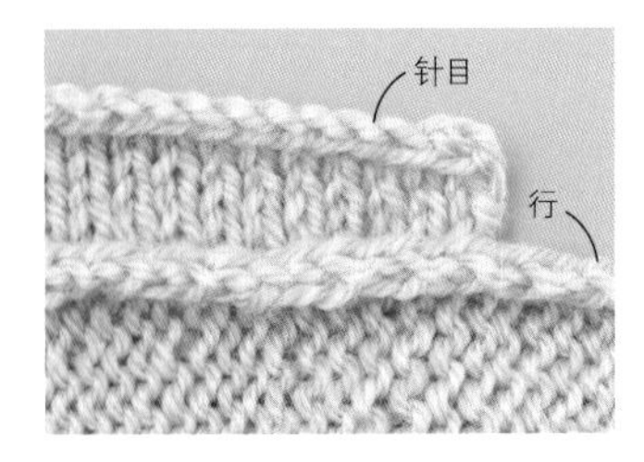

1 将2片织片的针目与行正面相对。

2 将钩针分别插入2片织片1行的顶端内侧1针和针目中，挂线后引拔。

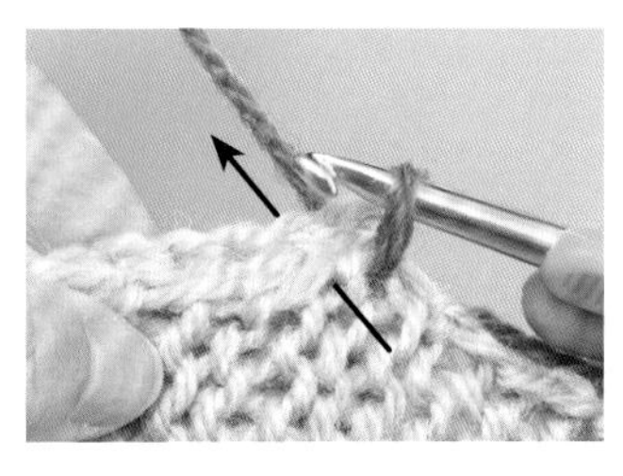

3 按照与步骤2相同的要领，按箭头方向入针。

4 挂线后引拔。

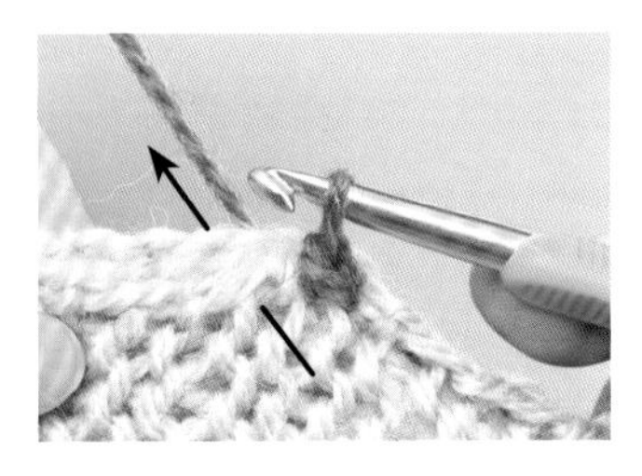

5 引拔接合完成的样子。

6 重复“分别从2片织片1行的顶端内侧1针和针目中入针，挂线后引拔”的操作。

7 接合完成后针目与行的样子。

卷针缝（针目与行） 用于缝合衣袖

1 将2片织片的针目与行正面相对。从2片织片1行的顶端内侧1针和针目中穿入手缝针。

2 再次穿过与步骤1相同的针目中（左图），在下一个针目中穿入手缝针。

3 一针一针地仔细做卷针缝缝合。

4 用卷针缝缝好针目与行的样子。特点是从正面能清晰地看到卷针缝的线。

从针目上挑针（衣领的起始行等）

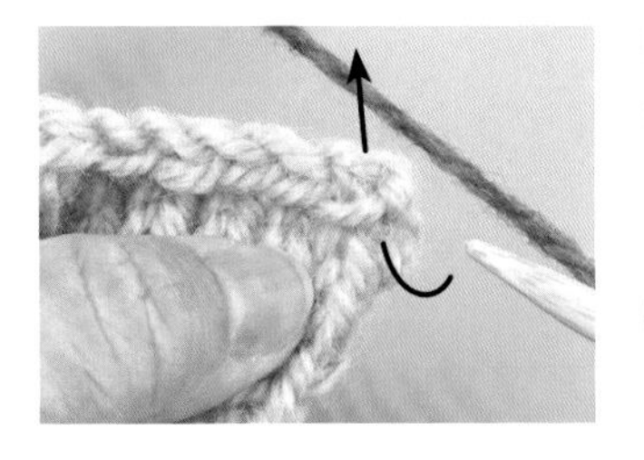

1　按照箭头方向，在针目的中心入针。

2　挂线后拉出。

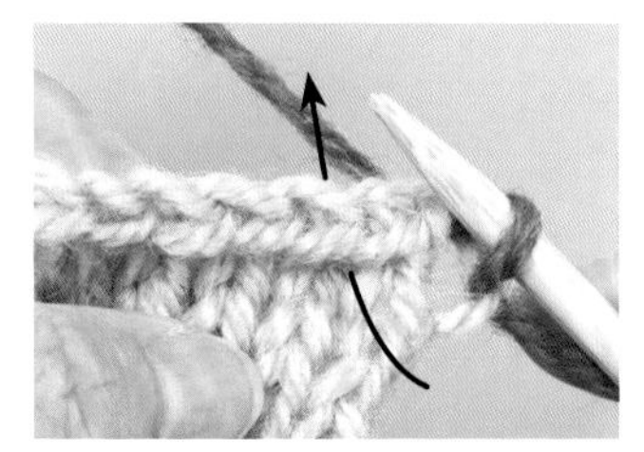

3　拉出后挑针1针的样子。再在下一个针目中入针。

4　挂线后拉出。

5　拉出后挑针2针的样子。

6'　挑针8针的样子。

从行上挑针（前门襟的起始行等）

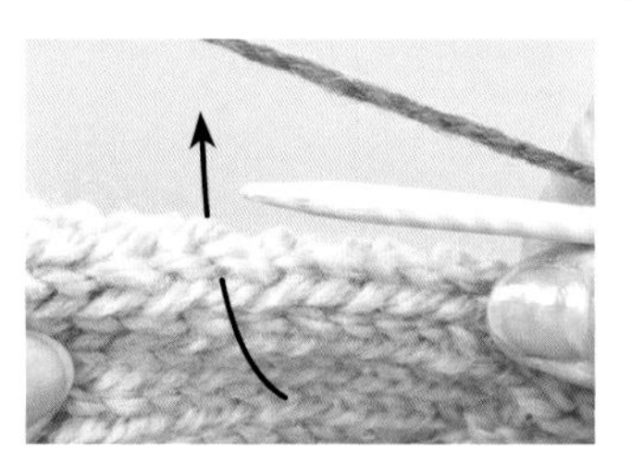

1　在顶端内侧1针入针。

2　挂线后拉出。

3　拉出后挑针1针的样子。继续按照箭头方向，在顶端内侧1针入针。

4　挂线后拉出。

5　挑针2针的样子。

6'　挑针5针的样子。

下针编织无缝缝合

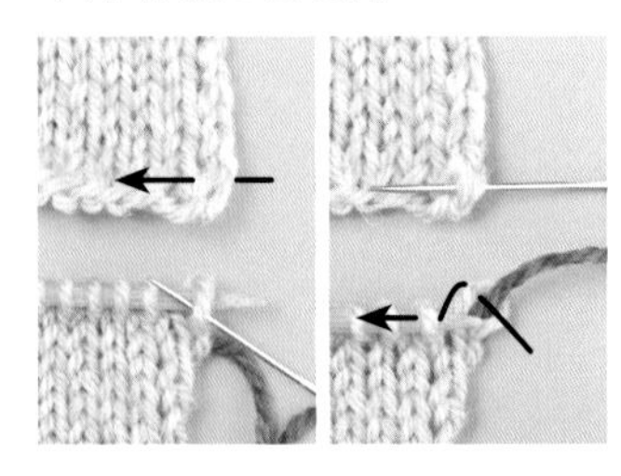

1　将伏针收针的织片和带着棒针的织片并列摆放。在外侧的织片中，按照箭头方向穿入手缝针（左图）。继续在内侧的织片中，按照箭头方向穿入手缝针。

2　在外侧的织片中，按照箭头方向穿入手缝针。

3　在内侧的织片中，穿入手缝针。

4　重复步骤2、3的操作，进行下针编织无缝缝合。线迹呈现出像下针编织的针目一样的V形。

Point Lesson

重点教程

※ 为了清晰易懂，更换了线的种类进行编织

起伏针的挑针缝合

图片：p.8 制作方法：p.45

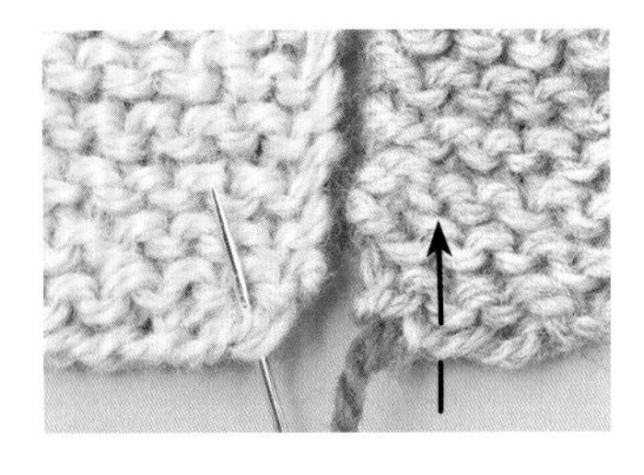

1 将2片织片相邻摆放，用手缝针挑起左侧织片顶端内侧1针的起针。继续按照箭头方向，挑起右侧织片顶端内侧1针的起针。

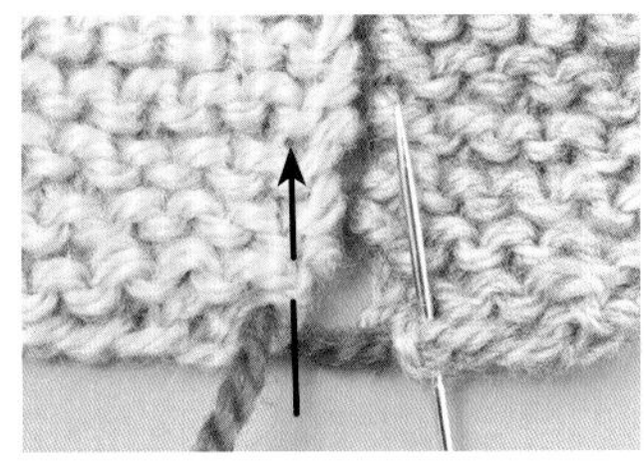

2 挑起左侧顶端向下的横线。

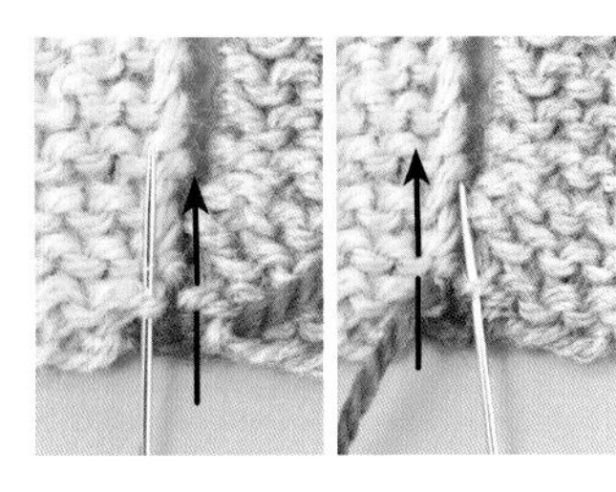

3 挑好的样子。继续挑起右侧向上的横线（左图）。继续挑起左侧顶端的横线。

4 重复步骤2、3的操作，挑好多行的样子（左图）。实际制作时，需要一边将缝合线拉紧至看不到的程度，一边缝合（右图）。起伏针的针目整齐地排列在一起。

起伏针的针目与行的缝合

图片：p.8 制作方法：p.45

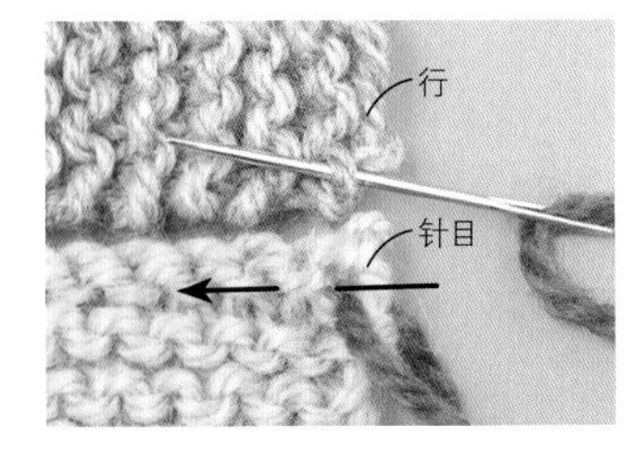

1 将织片的针目与行对齐摆放。用手缝针挑起外侧织片的横线，再按照箭头方向挑起内侧织片的针目。

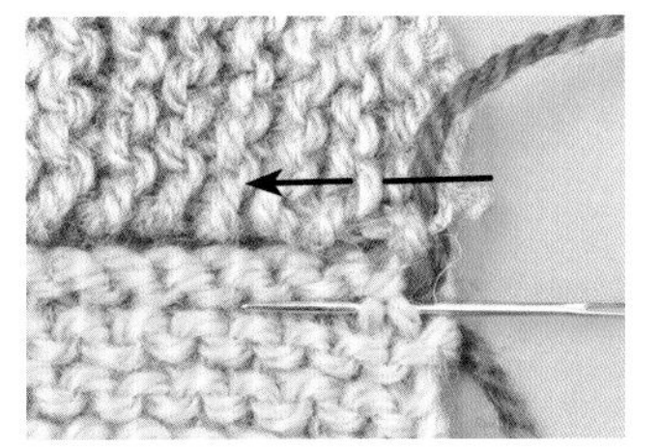

2 继续挑起外侧织片的横线。

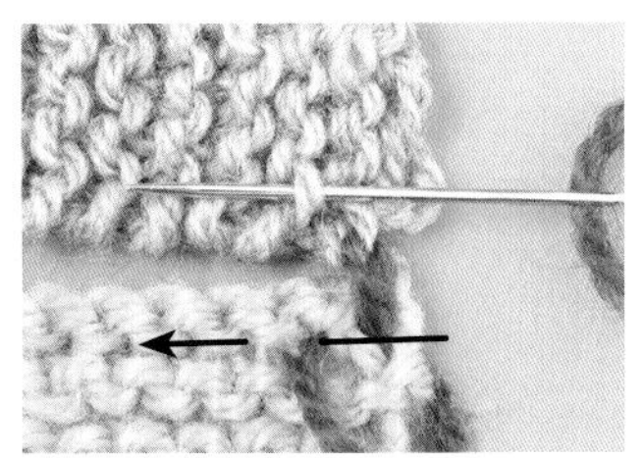

3 从在步骤1中穿过的内侧织片的针目中，按照箭头方向挑起织片。

4 重复“挑起外侧织片的横线和内侧织片的针目”的操作。实际制作时，需要一边将线拉紧至看不到缝合线的程度，一边缝合（右图）。

配色花样的编织方法

图片：p.29 制作方法：p.91

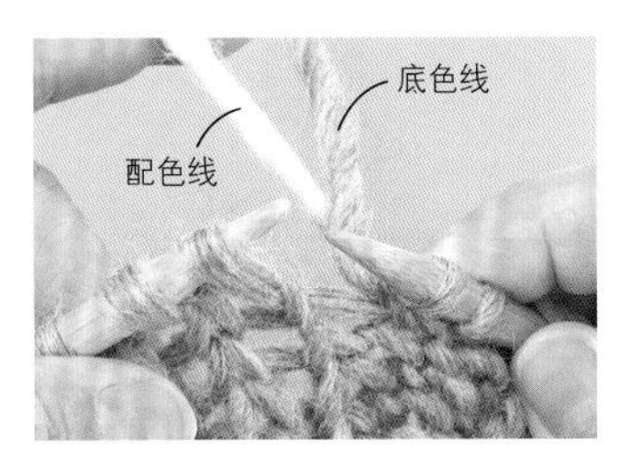

1 编织到要更换配色线之前时，拿起配色线，准备用配色线编织。

2 用配色线编织好的样子。

3 继续用底色线编织。

4 用底色线编织好3针的样子。

5 用配色线编织。

6 参照记号图，按照配色花样继续编织。

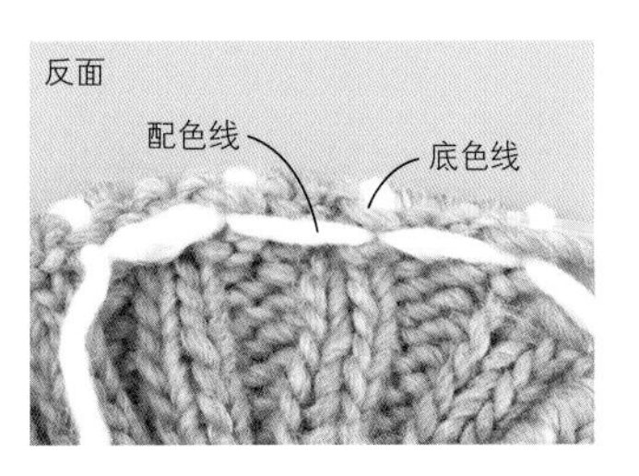

7 织片的反面。底色线在上侧、配色线在下侧渡线。

编织花样的编织方法

图片：p.14 制作方法：p.64

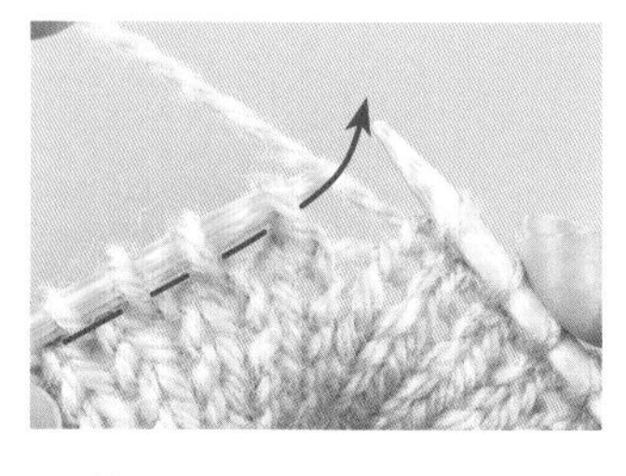

1 按照箭头方向，在3个针目中入针，一起将线拉出。

2 左图为正在将线拉出的样子。继续做挂针（右图）。

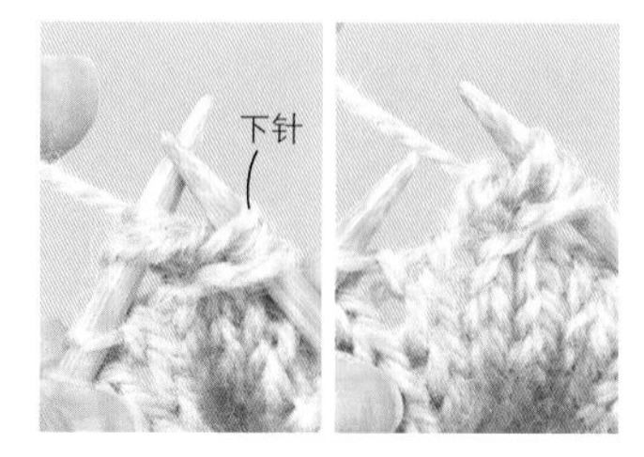

3 不要从左棒针上取下针目，编织下针（左图），然后从左棒针上取下针目（右图），编织花样完成。

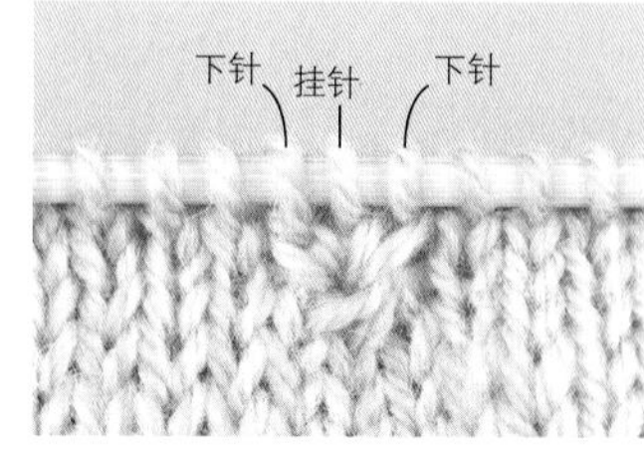

4 继续编织好下针的样子。

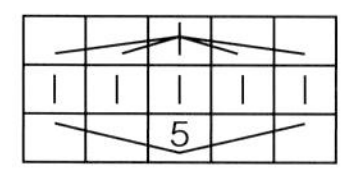

泡泡针的编织方法

图片：p.17 制作方法：p.70

1 编织至泡泡针之前的样子。

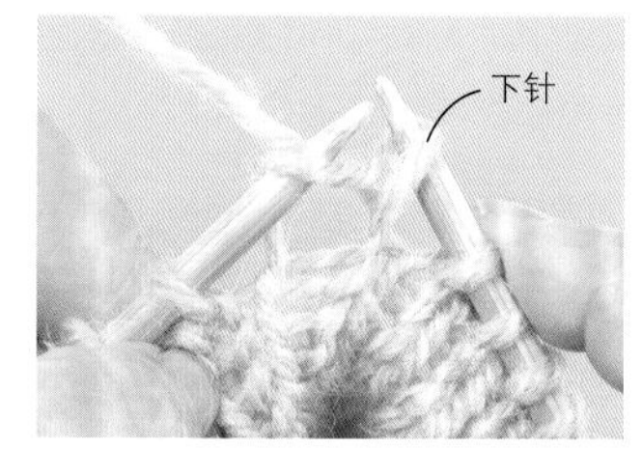

2 不要从左棒针上取下针目，编织1针下针。

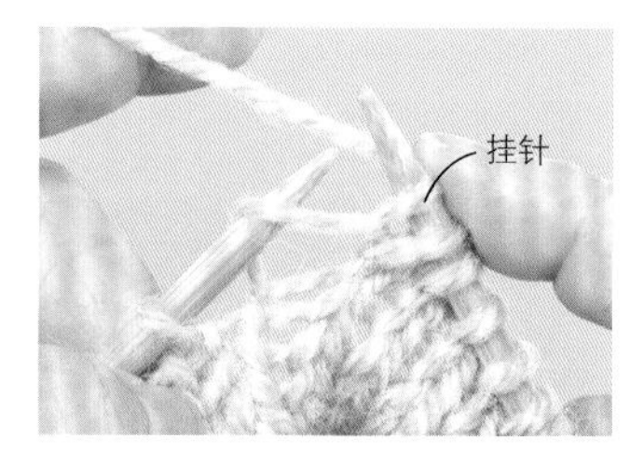

3 编织1针挂针。

4 不要从左棒针上取下针目，再编织1次下针。

5 重复下针、挂针、下针、挂针、下针，共计编织5针。

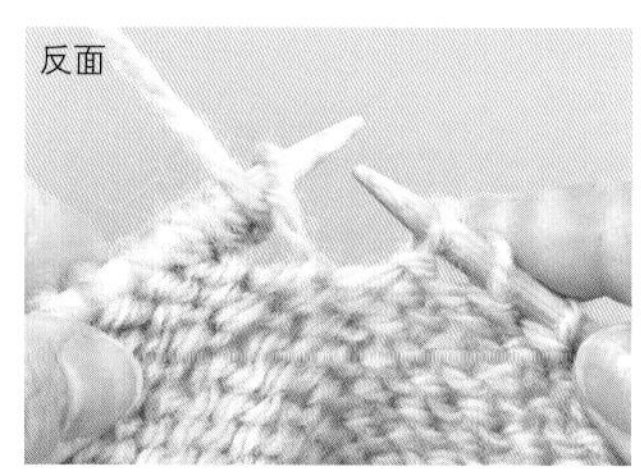

6 翻至反面，编织5针上针。

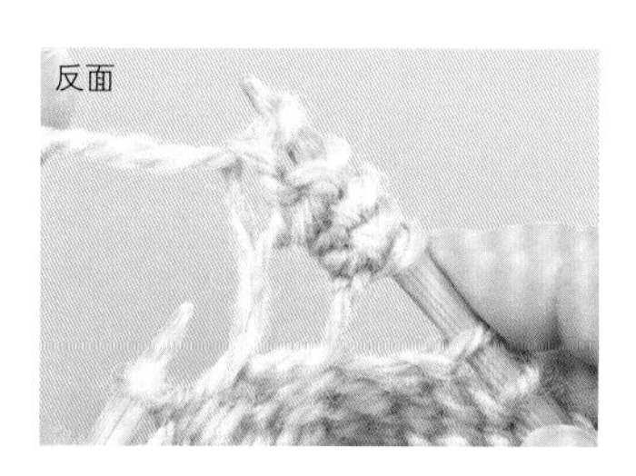

7 编织好的样子。

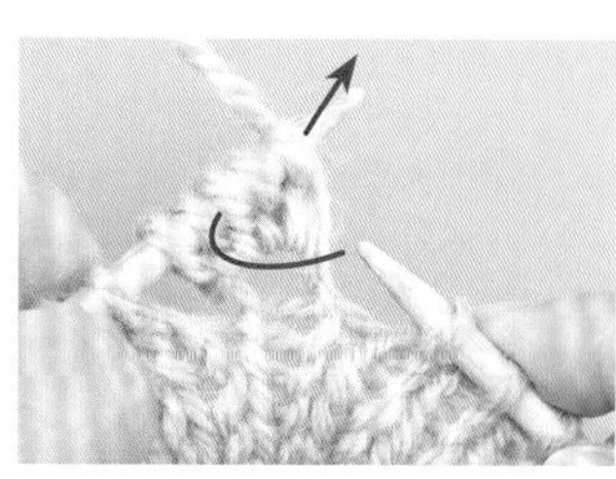

8 翻回正面，按照箭头方向，将3个针目移至右棒针上。

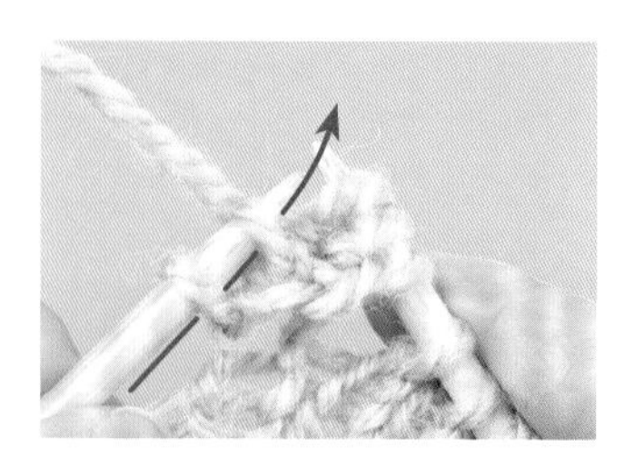

9 按照箭头方向入针，将2个针目一起编织下针（左上2针并1针）。

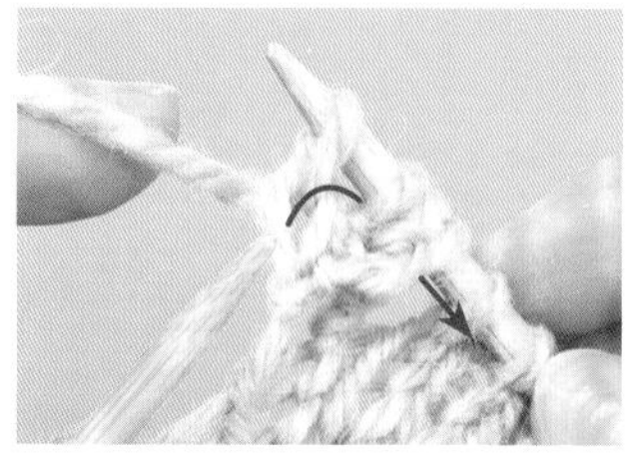

10 按照箭头方向，在3个针目中入针。

11 盖住刚刚编织的左上2针并1针。

12 泡泡针完成。

Material Guide

线材介绍 ※图片为实物粗细

本书中的作品均使用和麻纳卡的原色线(Sonomono)系列制作而成，以下为此系列部分线材介绍。
请体验未经任何染料处理的原毛天然的颜色与质感吧。

1 Sonomono Hairy

羊驼毛75%、羊毛25%　25g/团　约125m　6色
棒针7号、8号　钩针6/0号

2 Sonomono Suri Alpaca

羊驼毛100%［使用苏利（suri）羊驼毛］　25g/团　约90m
3色　棒针3号、4号　钩针3/0号

3 Sonomono Tweed

羊毛53%、羊驼毛40%、其他（骆驼绒毛及牦牛绒毛）7%
40g/团　约110m　5色　棒针5号、6号　钩针5/0号

4 Sonomono Royal Alpaca

羊驼毛100%（royal baby alpaca）　25g/团　约105m　5色　棒针7号、8号　钩针6/0号

5 Sonomono Alpaca Lily

羊毛80%、羊驼毛20%　40g/团　约120m　5色
棒针8～10号　钩针8/0号

6 Sonomono Alpaca Wool

羊毛60%、羊驼毛40%　40g/团　约60m　9色
棒针10～12号　钩针8/0号

7 Sonomono Alpaca Wool（中粗）

羊毛60%、羊驼毛40%　40g/团　约92m　5色
棒针6～8号　钩针6/0号

8 Sonomono（超级粗）

羊毛100%　40g/团　约40m　5色
棒针15号至8mm

9 Sonomono Gran

羊毛80%、羊驼毛20%　50g/团　约50m　5色
棒针15号至8mm　钩针7mm

10 Sonomono Alpaca Boucle

羊毛80%、羊驼毛20%　40g/团　约76m　5色
棒针8～10号　钩针7/0号

11 Sonomono Loop

羊毛60%、羊驼毛40%　40g/团　约38m　3色
棒针15号至8mm

＊1～11从左至右依次为材质、规格、线长、色数、适合的棒针、适合的钩针。
＊色数为2022年8月的数据。
＊因为是印刷品，所以可能会存在色差。

作品编织方法

A 蓬蓬袖的毛衣

图片：p.4

● 材料

Sonomono Hairy / 原白色（121）…190g

● 针

棒针7号

● 编织密度（10cm×10cm面积内）

起伏针18针，32行

● 成品尺寸

胸围 98cm，衣长55cm，

肩背宽 36cm，袖长43cm

● 编织方法

1 编织后身片

另线锁针起针，编织起伏针。下摆需解开起针的锁针，挑起针目（参照p.31），做上针的伏针收针。

2 编织前身片

前身片和下摆按照与后身片和下摆相同的方法编织。

3 编织衣袖

衣袖按照与后身片相同的方法编织。袖口按照与下摆相同的方法编织。编织相同的2片。

4 编织衣领

肩部做盖针接合。编织衣领时，从领窝挑针82针，环形编织起伏针。

5 组合方法

两胁和袖下分别做挑针缝合，衣袖和身片做引拔接合。

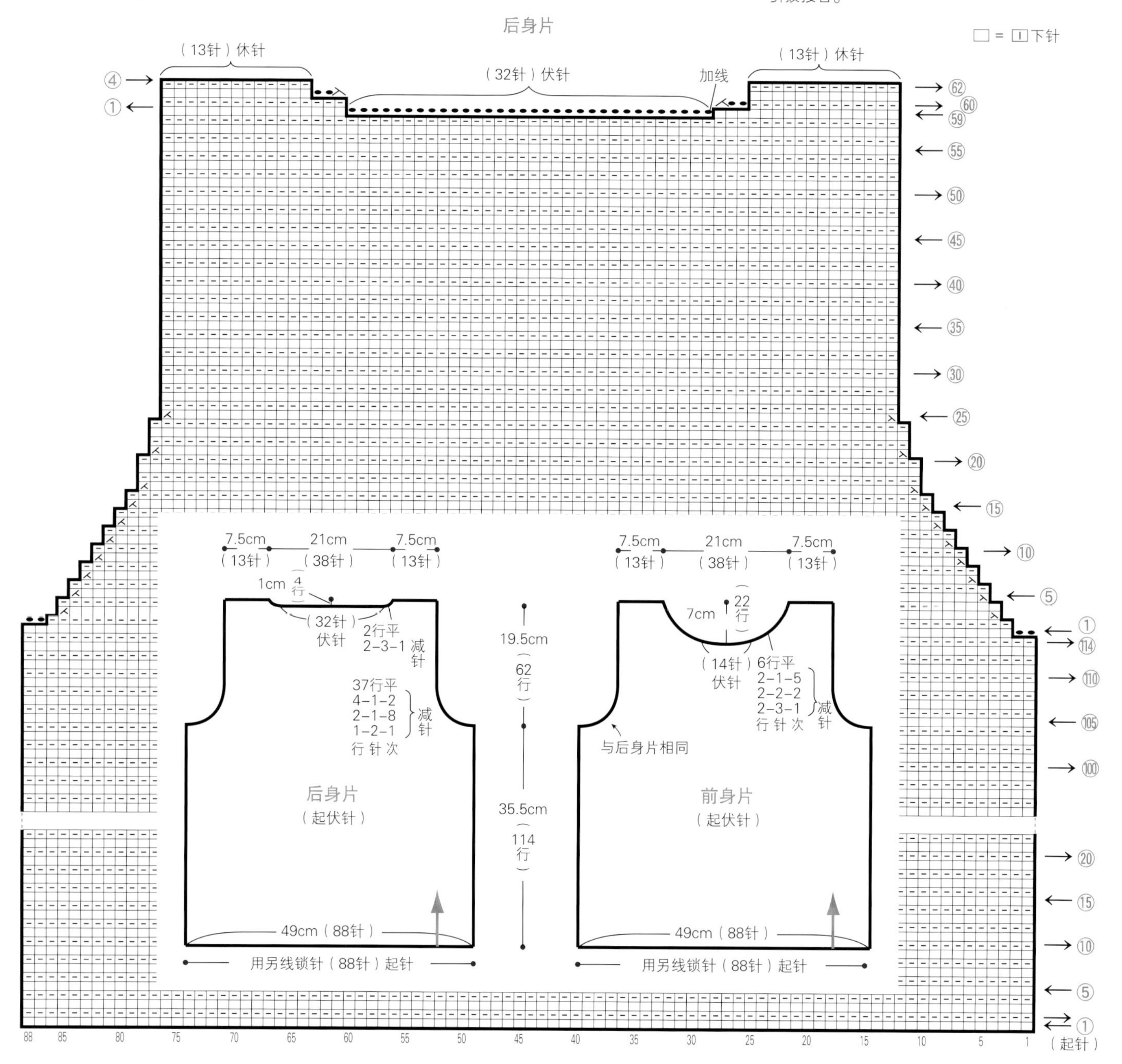

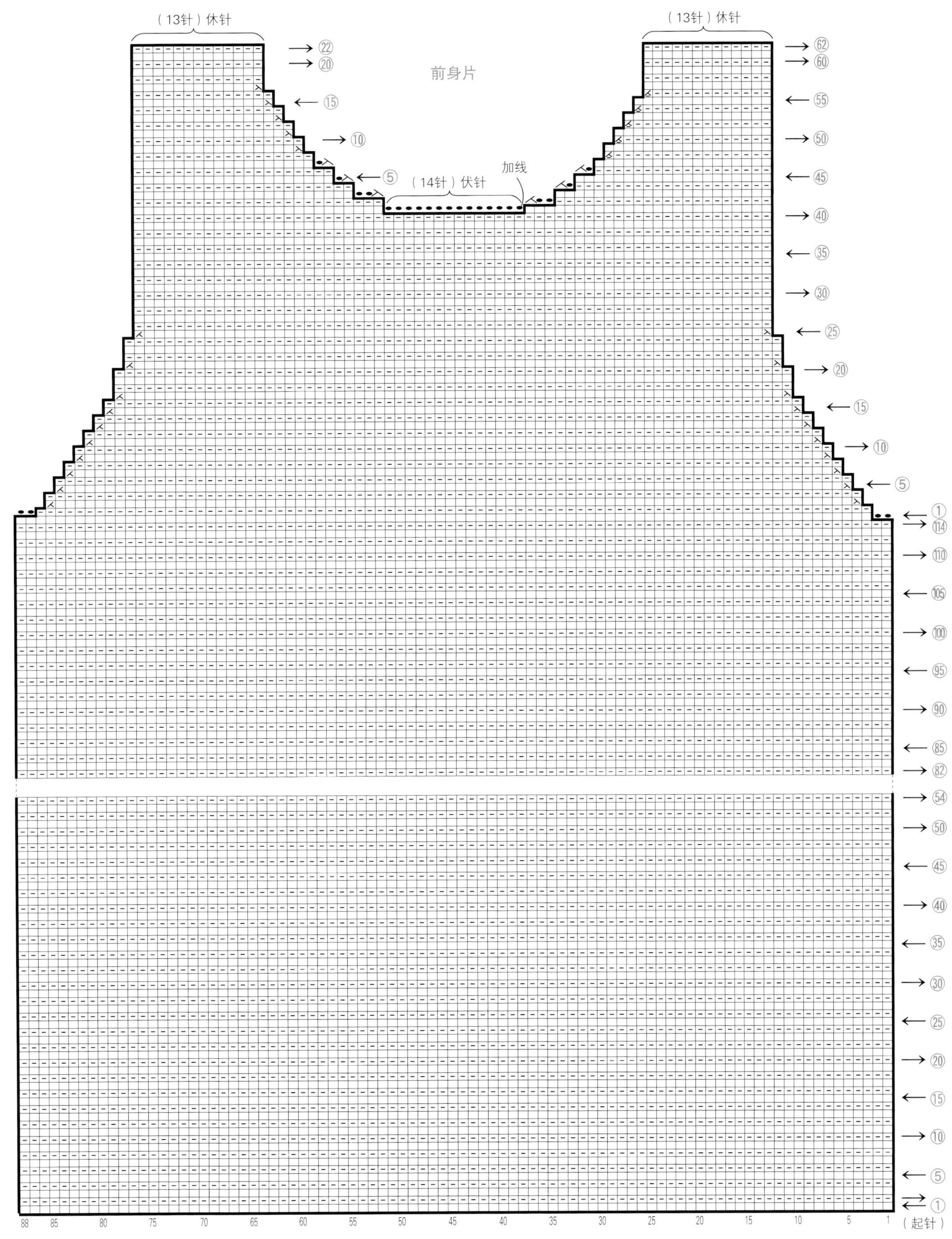

（13针）休针
（13针）休针
前身片
加线
（14针）伏针
（起针）

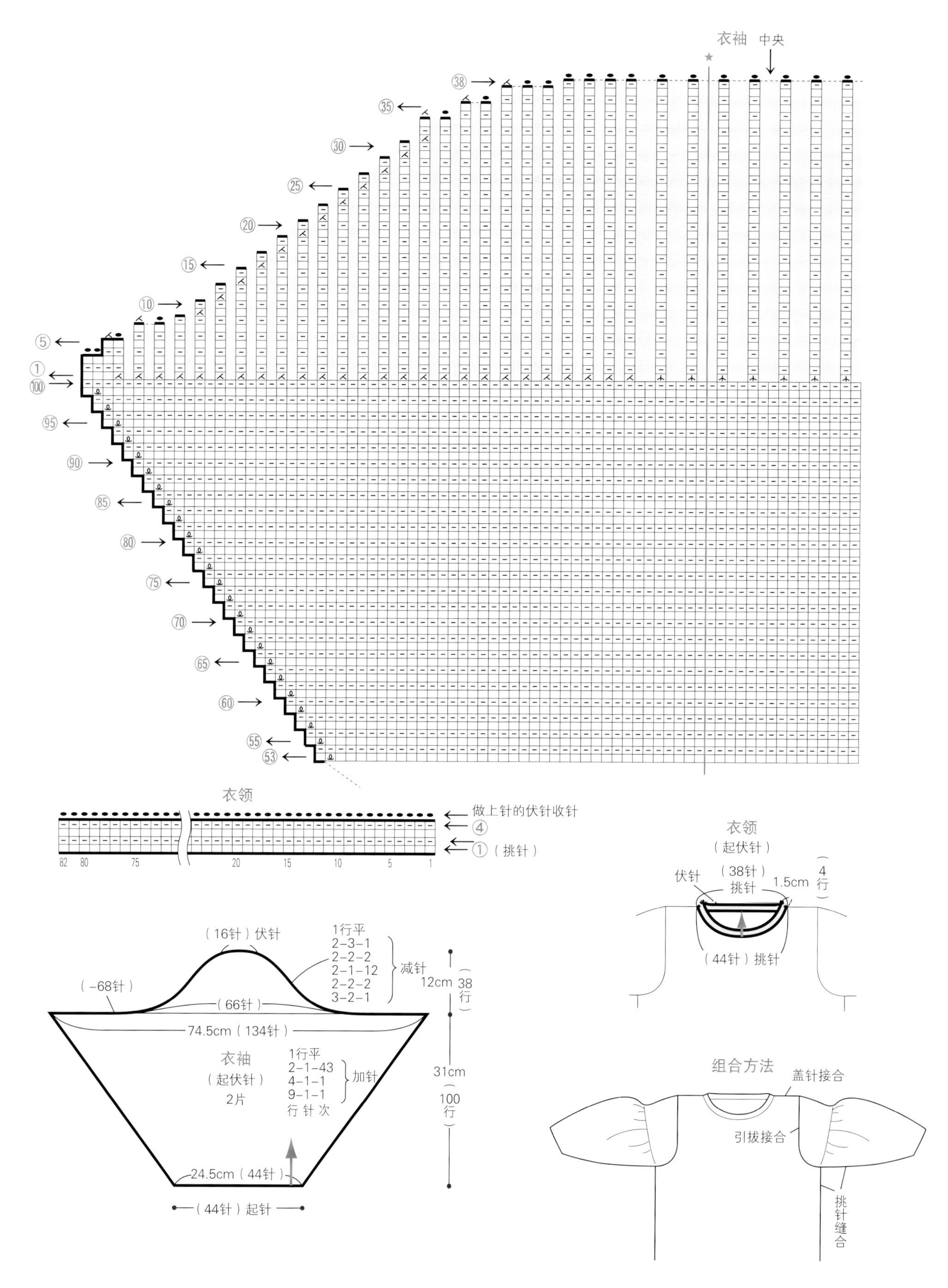
衣袖
中央
38
35
30
25
20
15
10
5
1
100
95
90
85
80
75
70
65
60
55
53
衣领
做上针的伏针收针
4
1（挑针）
82
80
75
20
15
10
5
1
衣领
（起伏针）
（38针）
伏针
挑针
1.5cm
4行
（44针）挑针
（16针）伏针
1行平
2-3-1
2-2-2
2-1-12
2-2-2
3-2-1
减针
12cm
38行
（-68针）
（66针）
74.5cm（134针）
衣袖
（起伏针）
2片
1行平
2-1-43
4-1-1
9-1-1
行 针 次
加针
31cm
100行
24.5cm（44针）
（44针）起针
组合方法
盖针接合
引拔接合
挑针缝合

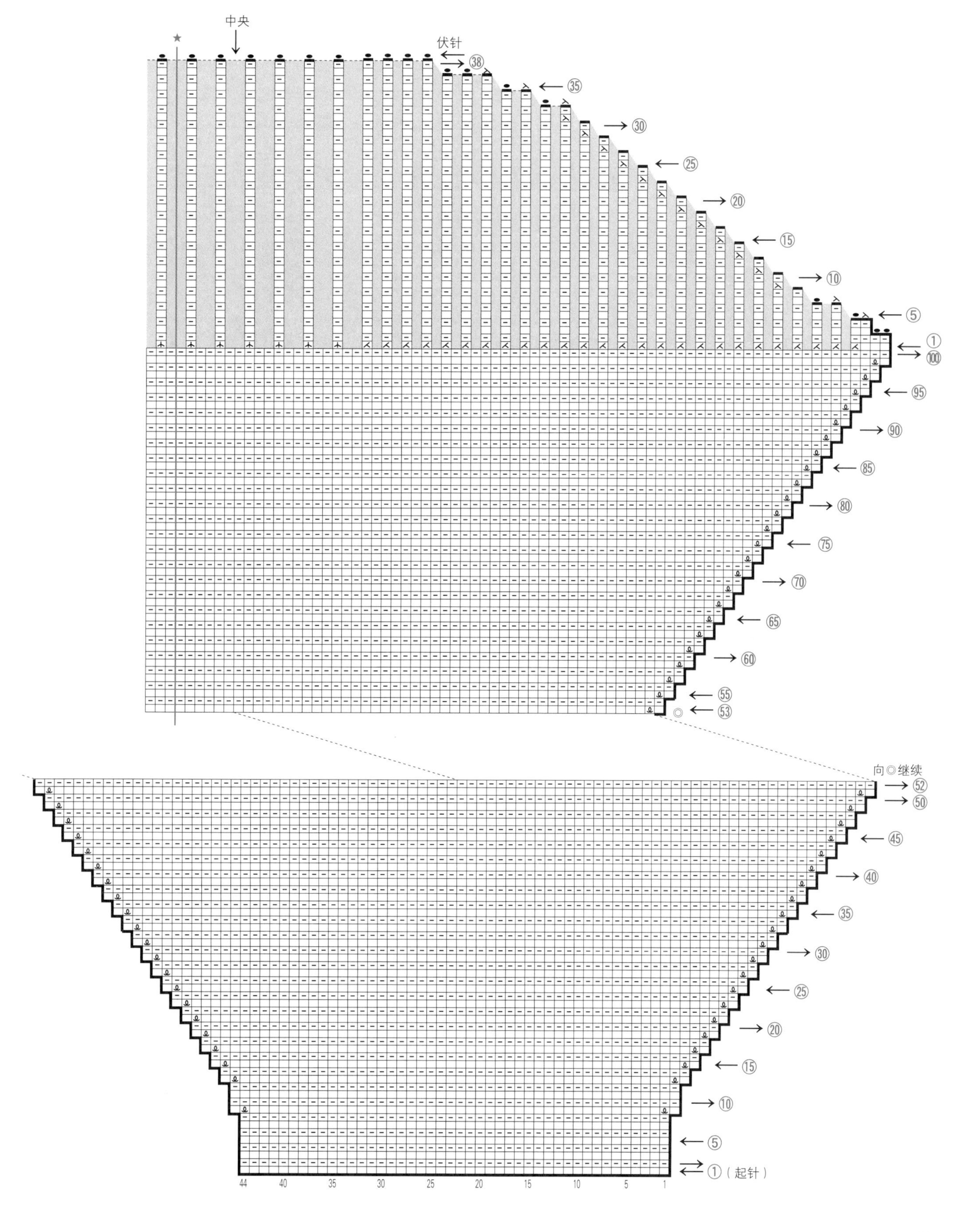

中央
伏针
㊳
㉟
㉚
㉕
⑳
⑮
⑩
⑤
①
⑩⓪
㊽
㊿
㊵
㊳
㉝
㉕
⑳
⑮
⑩
⑤
①
向◎继续
㊿
㊻
㊵
㉟
㉚
㉕
⑳
⑮
⑩
⑤
①（起针）
44
40
35
30
25
20
15
10
5
1

𝓑 双色圆领毛衣

图片：p.6

● 材料

Sonomono Alpaca Boucle / 原白色（151）…190g，深灰色（155）…95g

● 针

棒针7号

● 编织密度（10cm×10cm面积内）

下针编织13针，20行

● 成品尺寸

胸围 105cm，衣长54cm，肩背宽 37cm，袖长54cm

● 编织方法

1 编织后身片

使用原白色线，手指挂线起针，编织双罗纹针。继续编织98行下针编织，其中第33～66行用深灰色线编织。

2 编织前身片

按照与后身片相同的方法编织。

3 编织衣袖

使用原白色线，手指挂线起针，编织双罗纹针。继续编织98行下针编织，其中第45～78行用深灰色线编织。编织相同的2片。

4 编织衣领

肩部做引拔接合。编织衣领时，从领窝挑针72针，环形编织双罗纹针。

5 组合方法

两肋和袖下分别做挑针缝合，衣袖和身片做引拔接合。

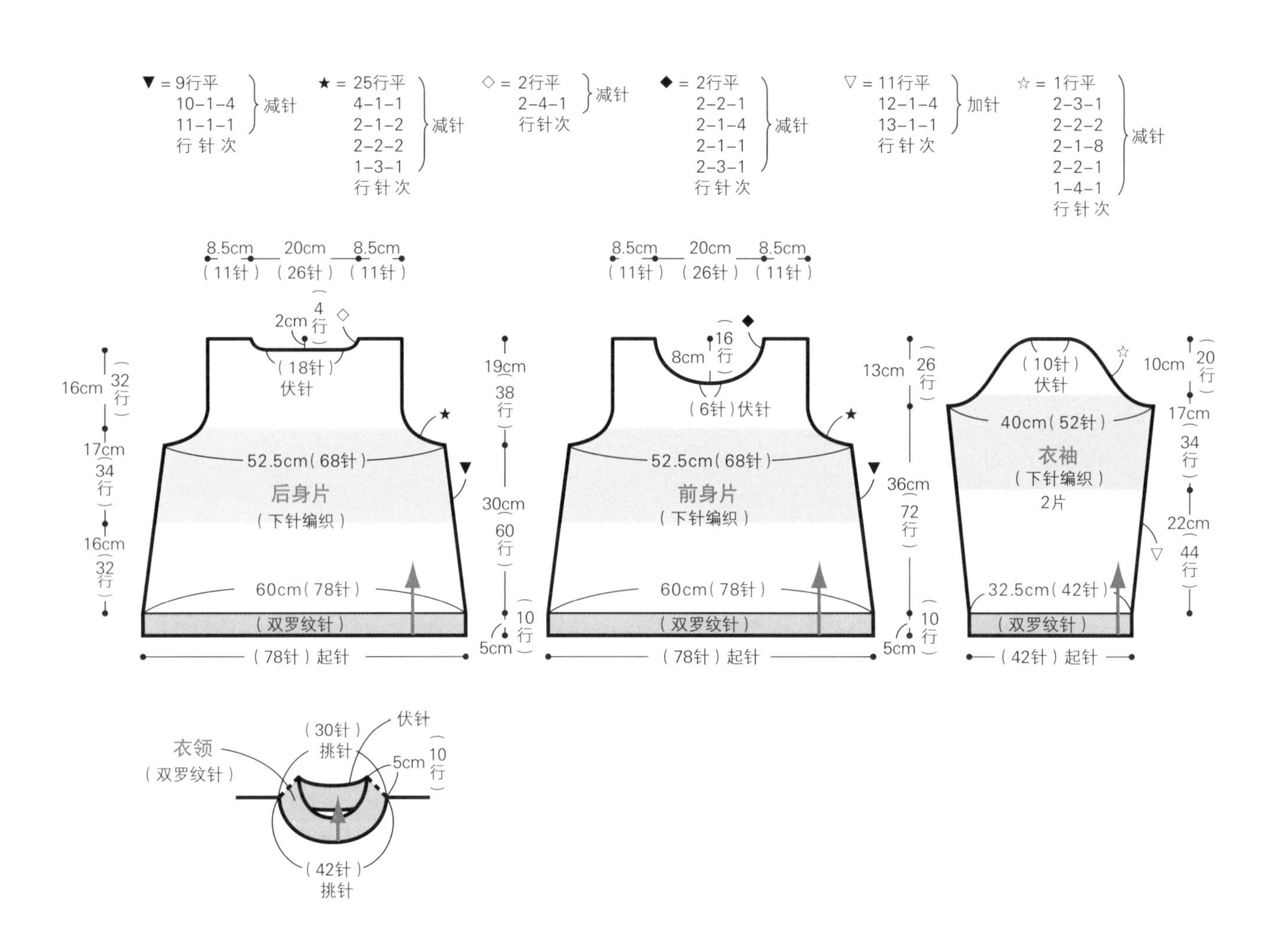

衣领 ※在编织终点，做上针织上针、下针织下针的伏针收针

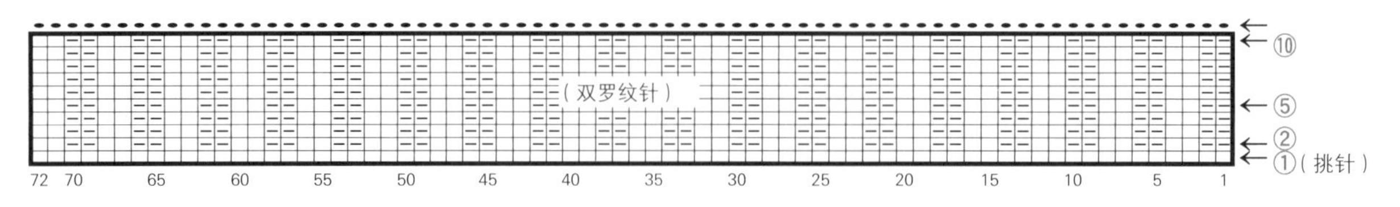

□ = ▯ 下针

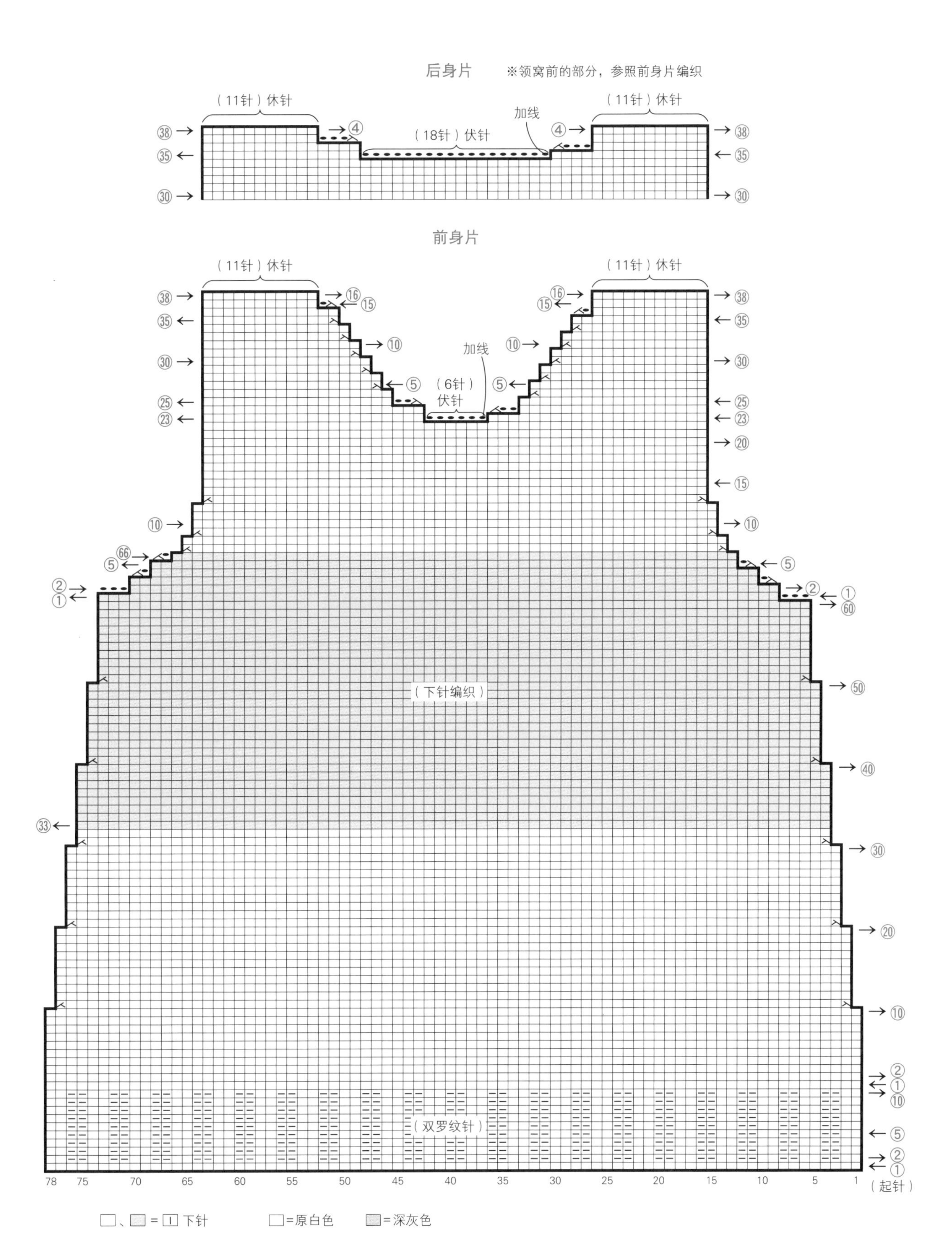

后身片
※领窝前的部分，参照前身片编织
（11针）休针
加线
（18针）伏针
前身片
（6针）伏针
（下针编织）
（双罗纹针）
（起针）
□、▨ = Ⅰ 下针
□=原白色
▨=深灰色

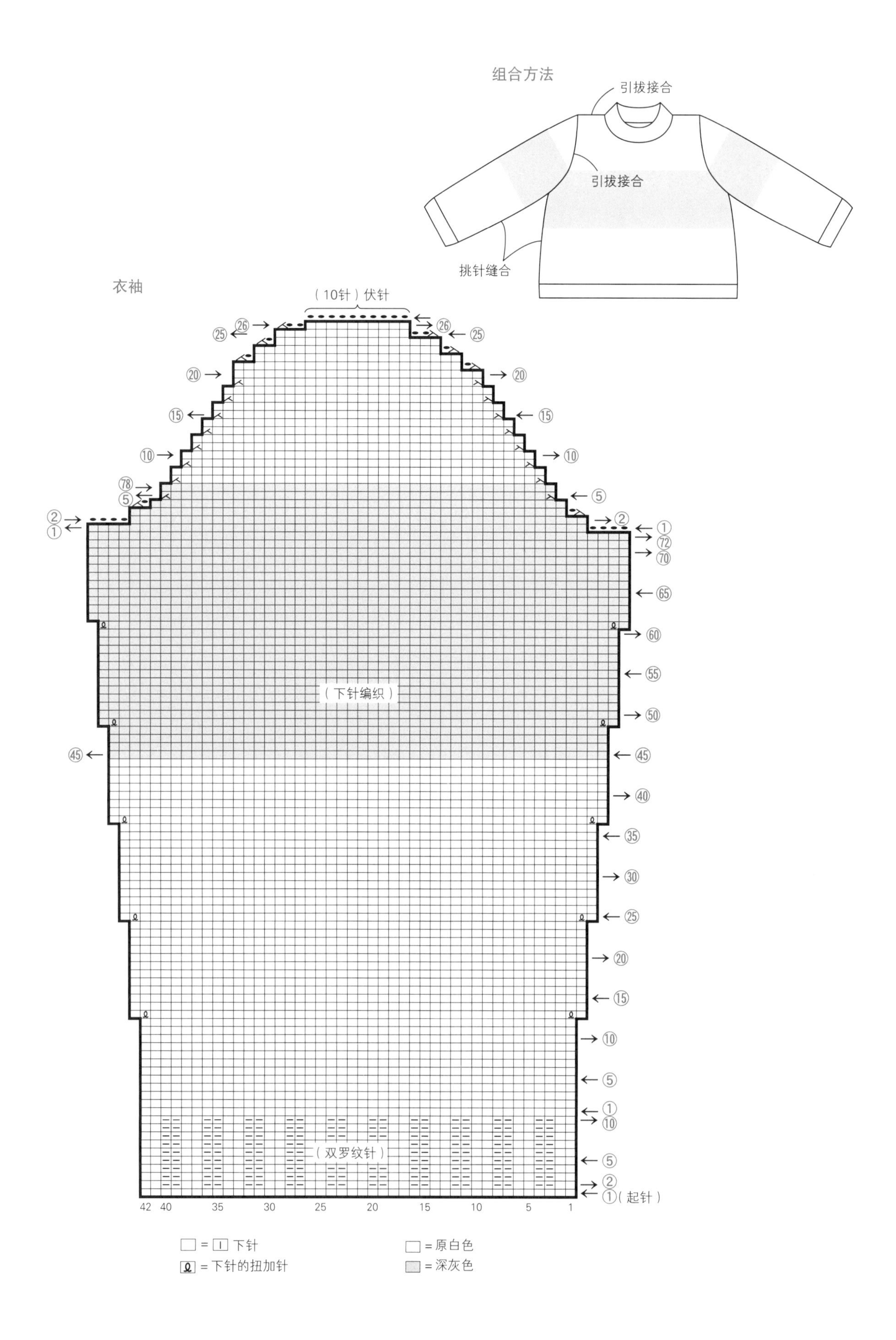

组合方法
引拔接合
引拔接合
挑针缝合
衣袖
（10针）伏针
（下针编织）
（双罗纹针）
①（起针）
□ = ⊡ 下针
⩍ = 下针的扭加针
□ = 原白色
▨ = 深灰色

C 麻花花样的开衫

图片：p.8

重点教程：p.35

● 材料

Sonomono Alpaca Wool / 原白色（41）…635g，直径1.8cm的纽扣…4颗

● 针

棒针12号

● 编织密度（10cm × 10cm面积内）

起伏针16针，26行

编织花样22针，26行

● 成品尺寸

胸围 99cm，衣长53cm，

肩背宽 43.5cm，袖长50.5cm

● 编织方法

1 编织后身片

手指挂线起针，编织单罗纹针。继续编织起伏针。

2 编织左、右前身片

按照与后身片相同的方法开始编织，编织起伏针和编织花样。

3 编织衣袖

按照与身片相同的方法开始编织，一边做加、减针，一边编织起伏针和编织花样。编织相同的2片。

4 编织衣领、前门襟

手指挂线起针，无加、减针地编织164行起伏针，制作衣领和前门襟的织片。编织2条，其中右前门襟上需制作4个扣眼。将2条织片的编织终点对齐，做引拔接合。

5 组合方法

肩部做引拔接合，两胁和袖下分别做挑针缝合。衣袖与身片做引拔接合。衣领、前门襟需将有扣眼的一侧连接在右前身片上，衣领、前门襟和身片做挑针缝合，后领窝衣领部分和身片做起伏针的针目与行的缝合。在左前门襟上缝上纽扣。

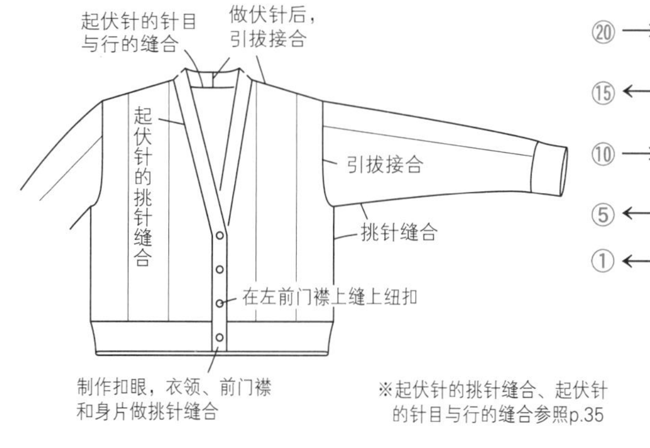

※起伏针的挑针缝合、起伏针的针目与行的缝合参照p.35

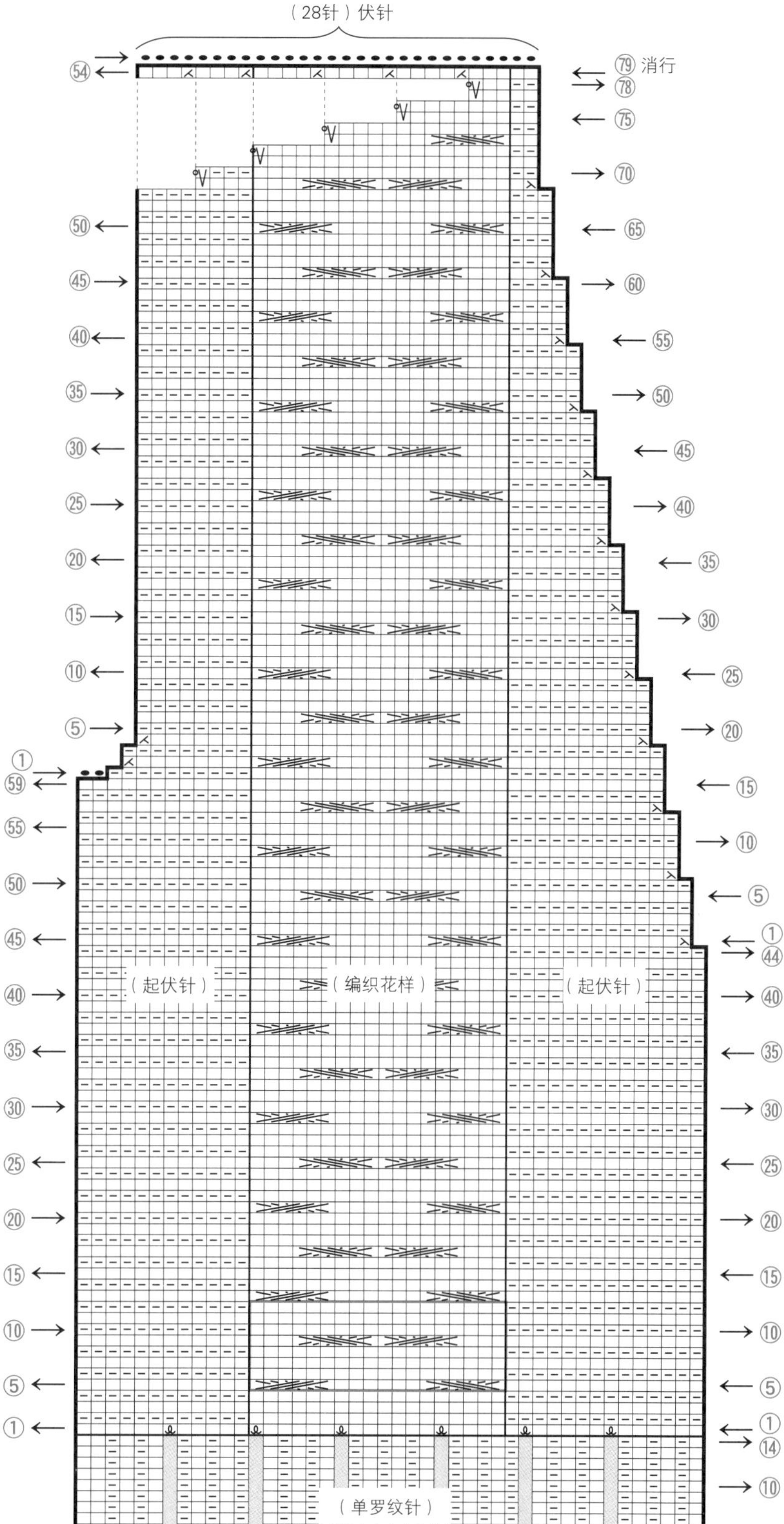

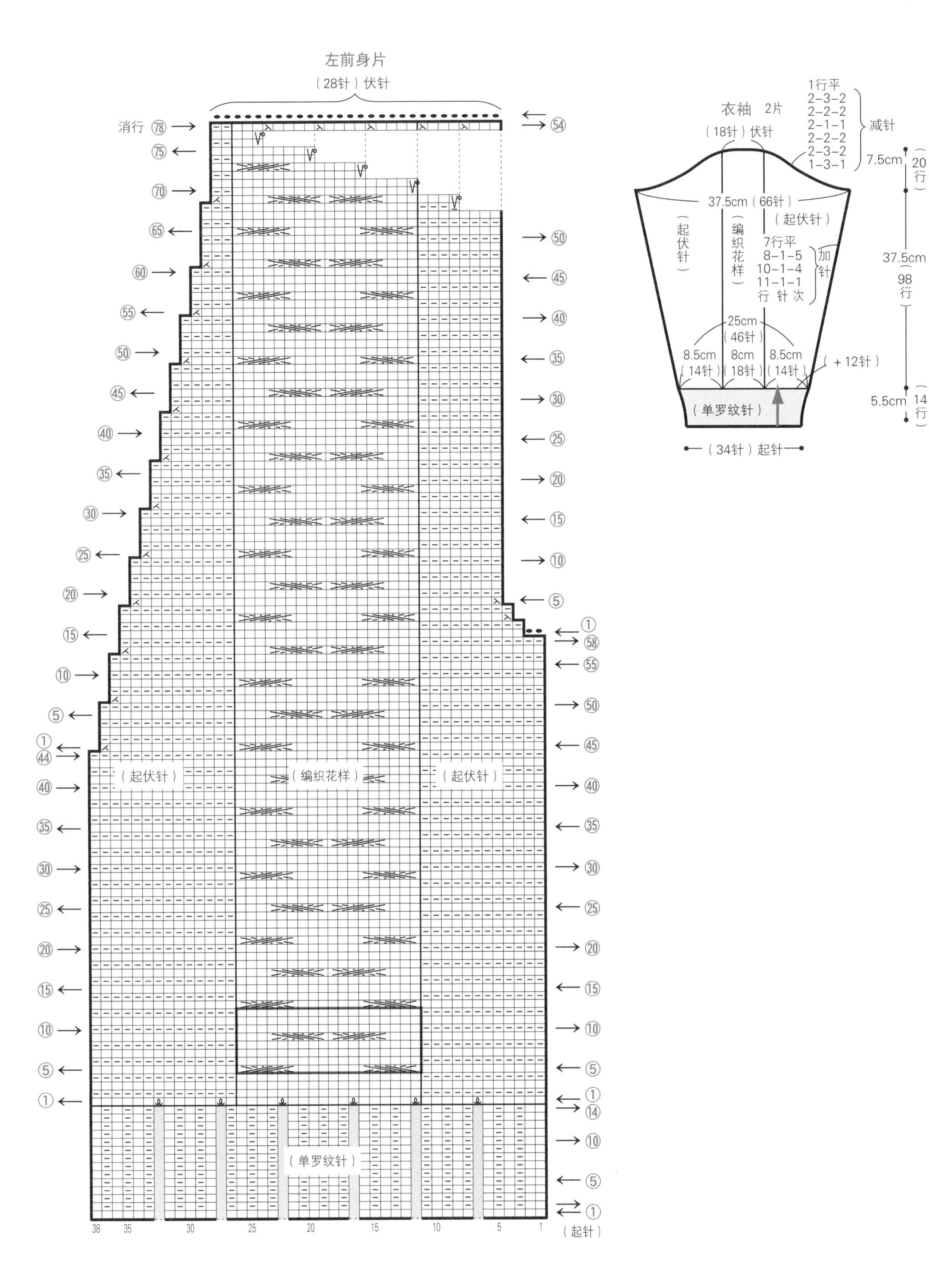

左前身片
（28针）伏针
消行
（起伏针）
（编织花样）
（起伏针）
（单罗纹针）
（起针）
衣袖 2片
（18针）伏针
1行平
2-3-2
2-2-2
2-1-1
2-2-2
2-3-2
1-3-1
减针
7.5cm（20行）
37.5cm（66针）
（起伏针）
（起伏针）
（编织花样）
7行平
8-1-5
10-1-4
11-1-1
行 针 次
加针
37.5cm（98行）
25cm（46针）
8.5cm（14针）
8cm（18针）
8.5cm（14针）
（+12针）
5.5cm（14行）
（单罗纹针）
（34针）起针

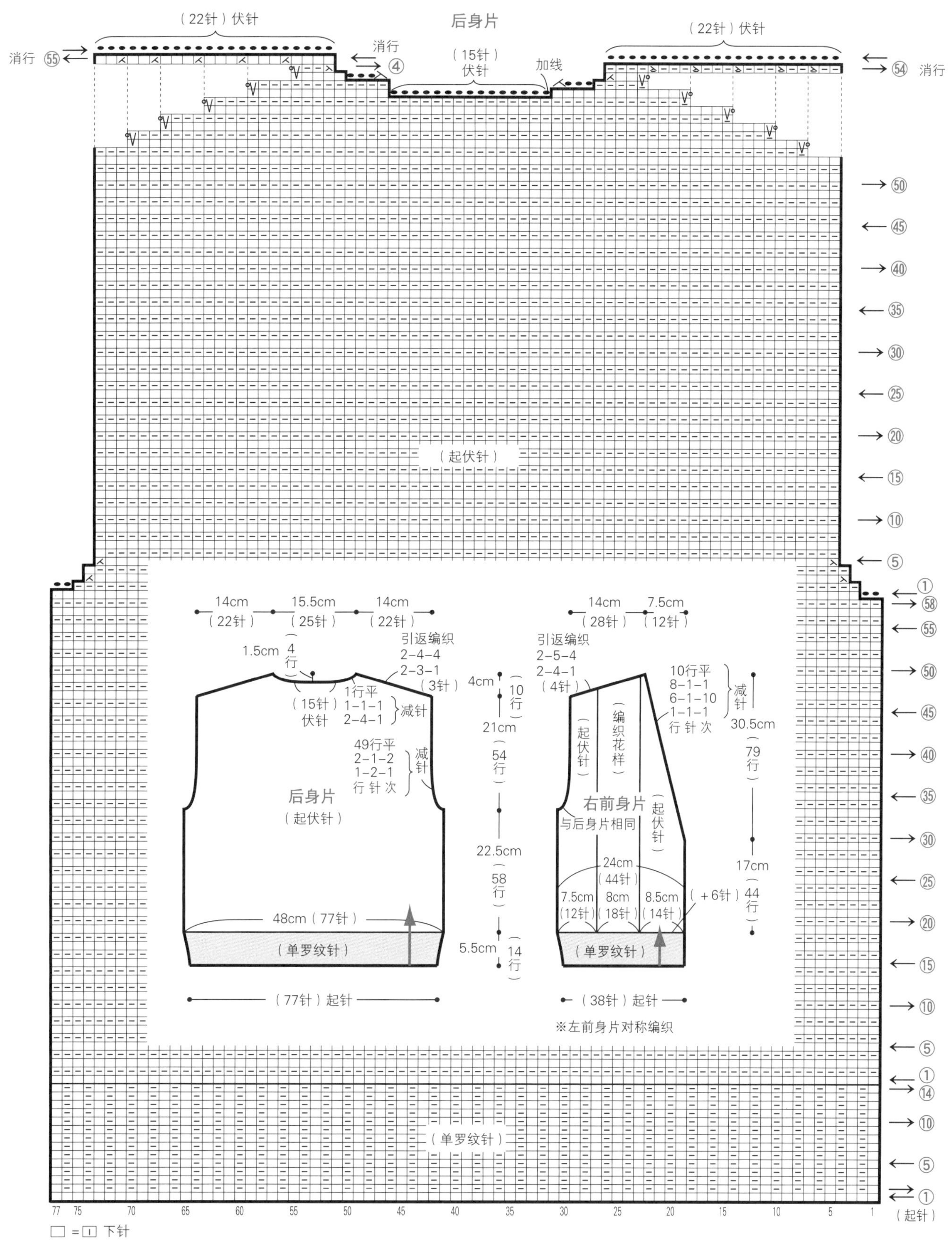

□ = 下针

= 下针的扭加针

= 没有针目的部分

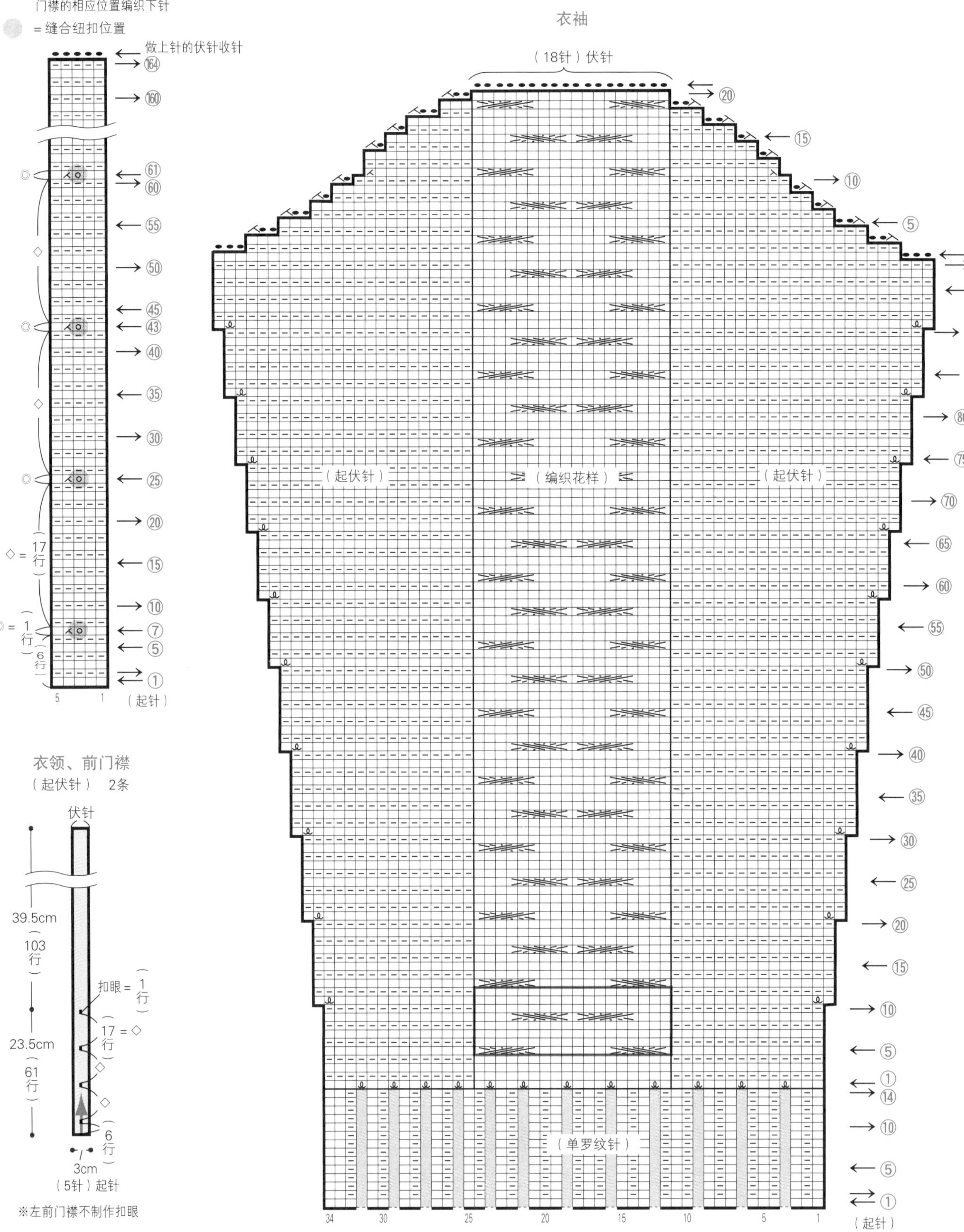
衣领、前门襟 2条
和右前门襟的扣眼部分（⋌O）对应，左前门襟的相应位置编织下针
=缝合纽扣位置
做上针的伏针收针
◇=17行
◎=1行
6行
（起针）
衣领、前门襟
（起伏针） 2条
伏针
39.5cm
103行
扣眼=1行
17=◇
23.5cm
61行
6行
3cm
（5针）起针
※左前门襟不制作扣眼
衣袖
（18针）伏针
（起伏针）
（编织花样）
（起伏针）
（单罗纹针）
（起针）

D 蓬松材质的长款开衫

图片：p.10

● 材料

Sonomono Hairy／原白色（121）…265g

● 针

棒针6号、7号

环形针80cm（6号）

● 编织密度（10cm×10cm面积内）

下针编织（7号针）20针，28行

单罗纹针（6号针）22针，31行

● 成品尺寸

胸围 121.5cm，衣长72cm，

肩背宽 61.5cm，袖长45.5cm

● 编织方法

1 编织后身片

手指挂线起针，编织单罗纹针。继续无加、减针地做下针编织，在开口止位做出标记，继续编织。

2 编织左、右前身片

按照与后身片相同的方法编织。

3 编织衣袖

另线锁针起针，做下针编织。袖口解开起针挑起针目，编织单罗纹针（参照p.31）。编织相同的2片。

4 编织衣领、前门襟

肩部做盖针接合。编织衣领和前门襟时，从前、后身片挑针355针，编织单罗纹针。

5 组合方法

两胁和袖下分别做挑针缝合。衣袖和身片对齐针目与行做引拔接合。

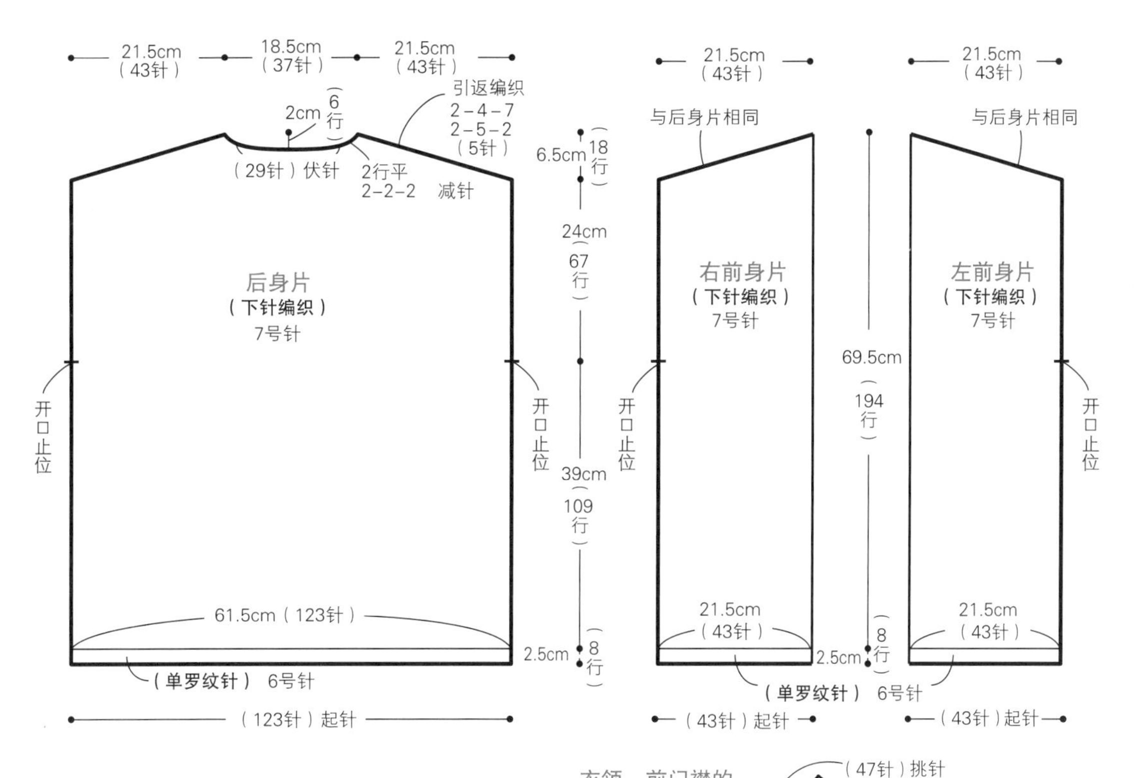

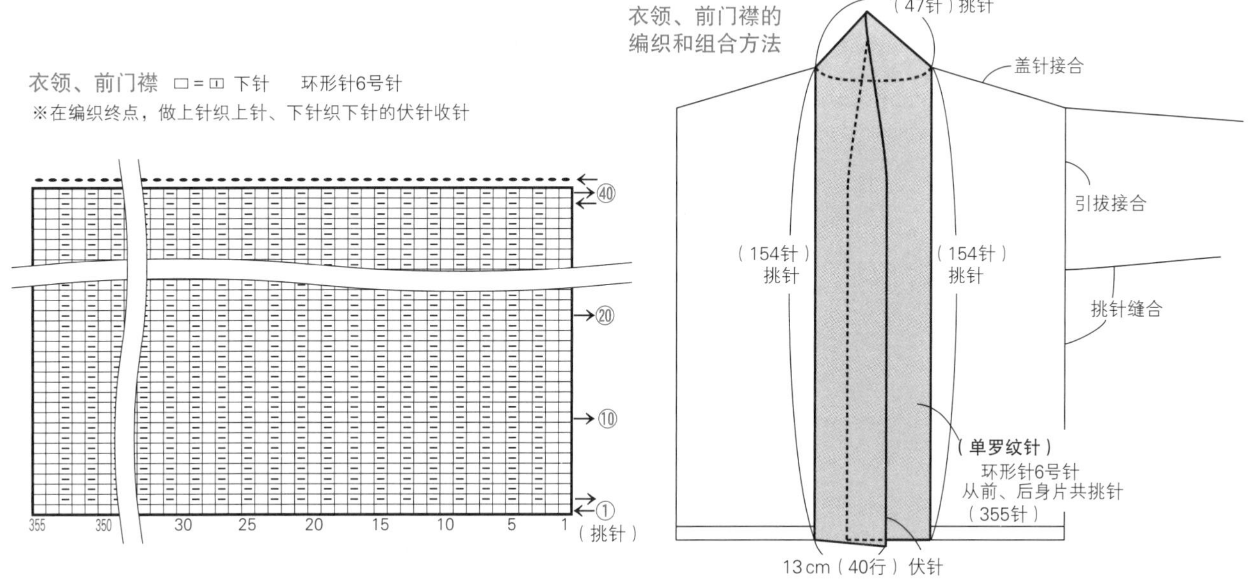

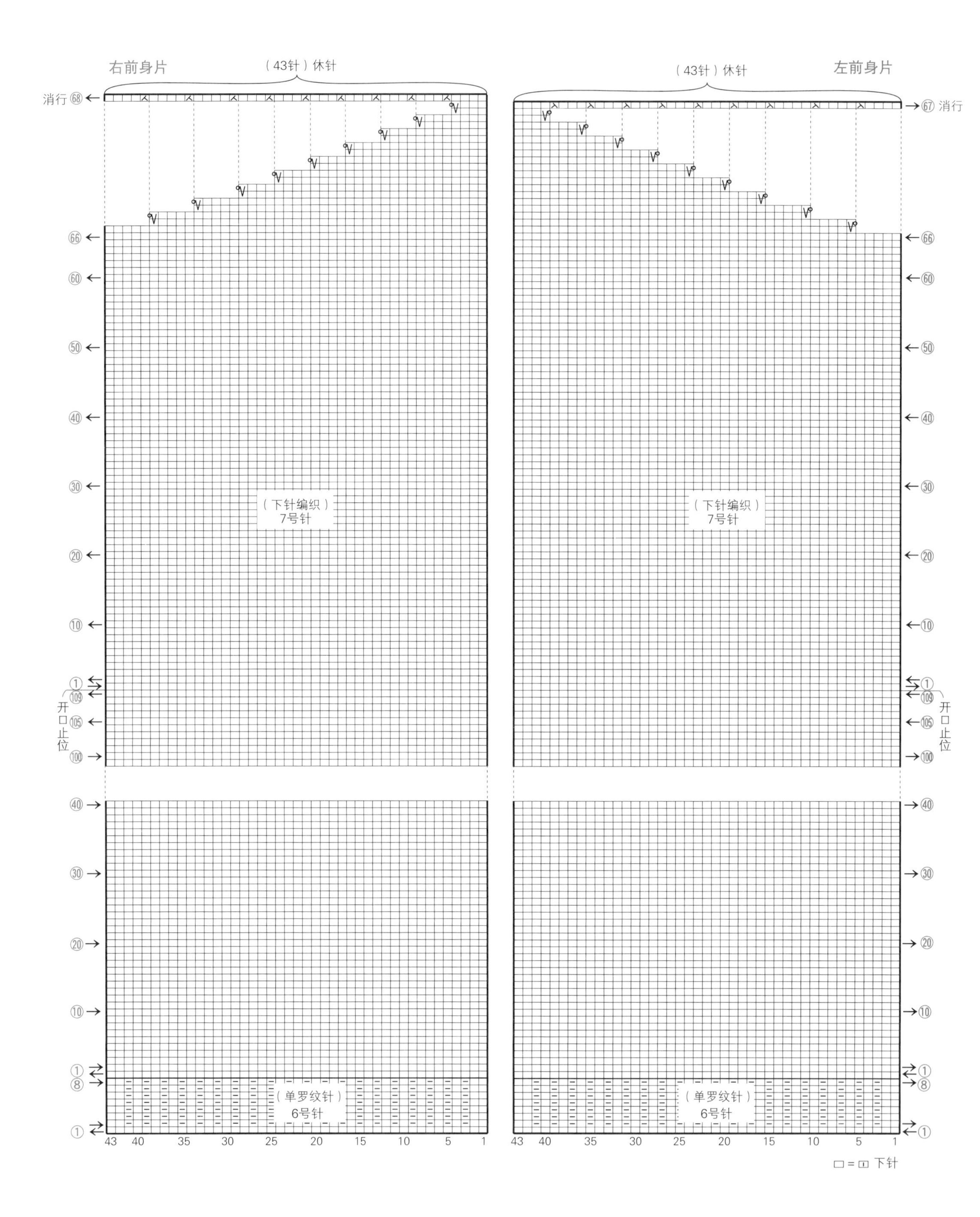

右前身片
（43针）休针
消行 68
66
60
50
40
30
（下针编织）
7号针
20
10
1
109
开口止位
105
100
40
30
20
10
1
8
（单罗纹针）
6号针
1
43 40 35 30 25 20 15 10 5 1
（43针）休针
左前身片
67 消行
66
60
50
40
30
（下针编织）
7号针
20
10
1
109
开口止位
105
100
40
30
20
10
1
8
（单罗纹针）
6号针
1
43 40 35 30 25 20 15 10 5 1
□ = ▣ 下针

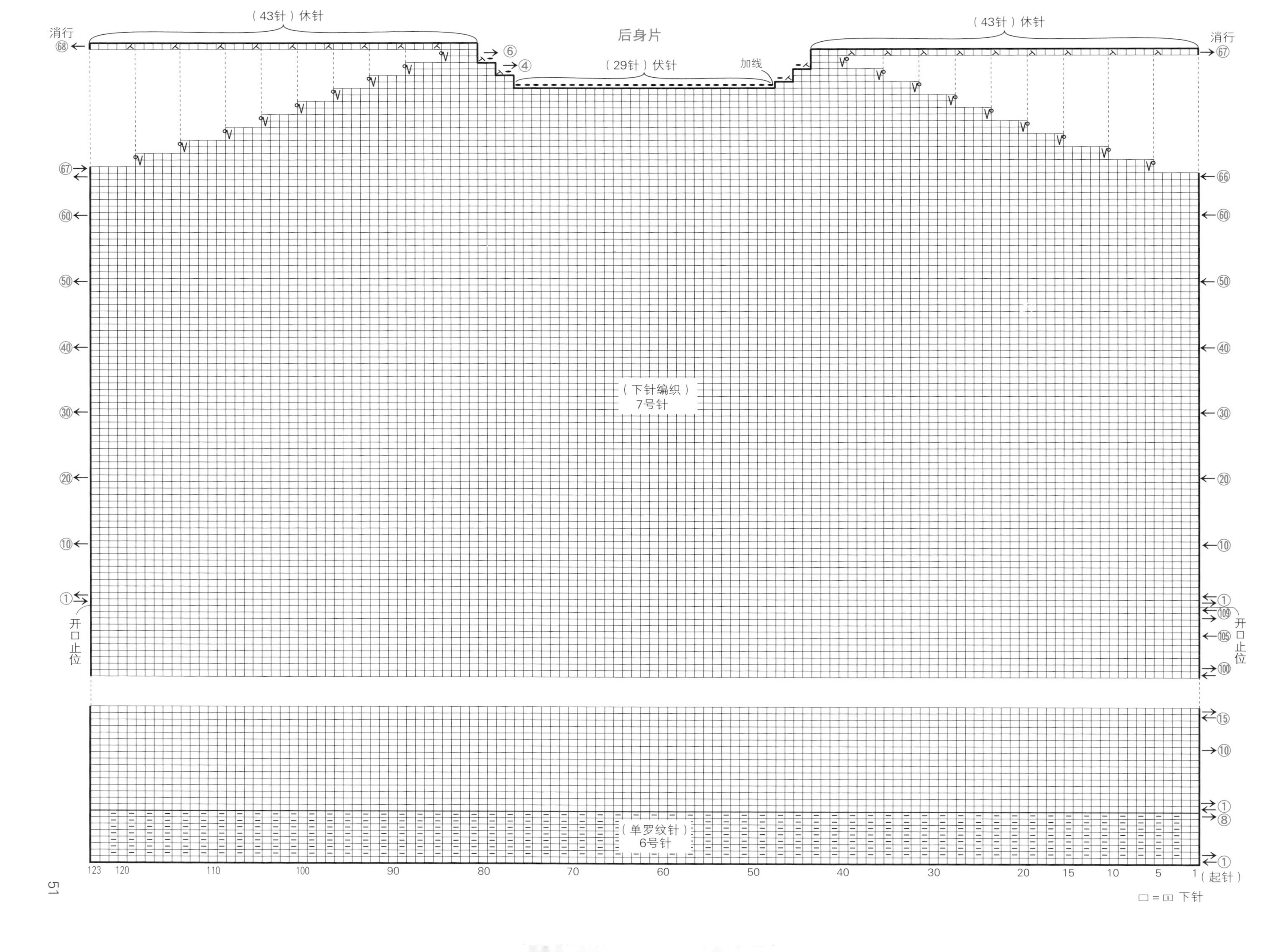

(43针) 休针
后身片
(43针) 休针
消行 68
消行 67
(29针) 伏针
加线
(下针编织)
7号针
开口止位
开口止位
(单罗纹针)
6号针
(起针)
□ = □ 下针

衣袖

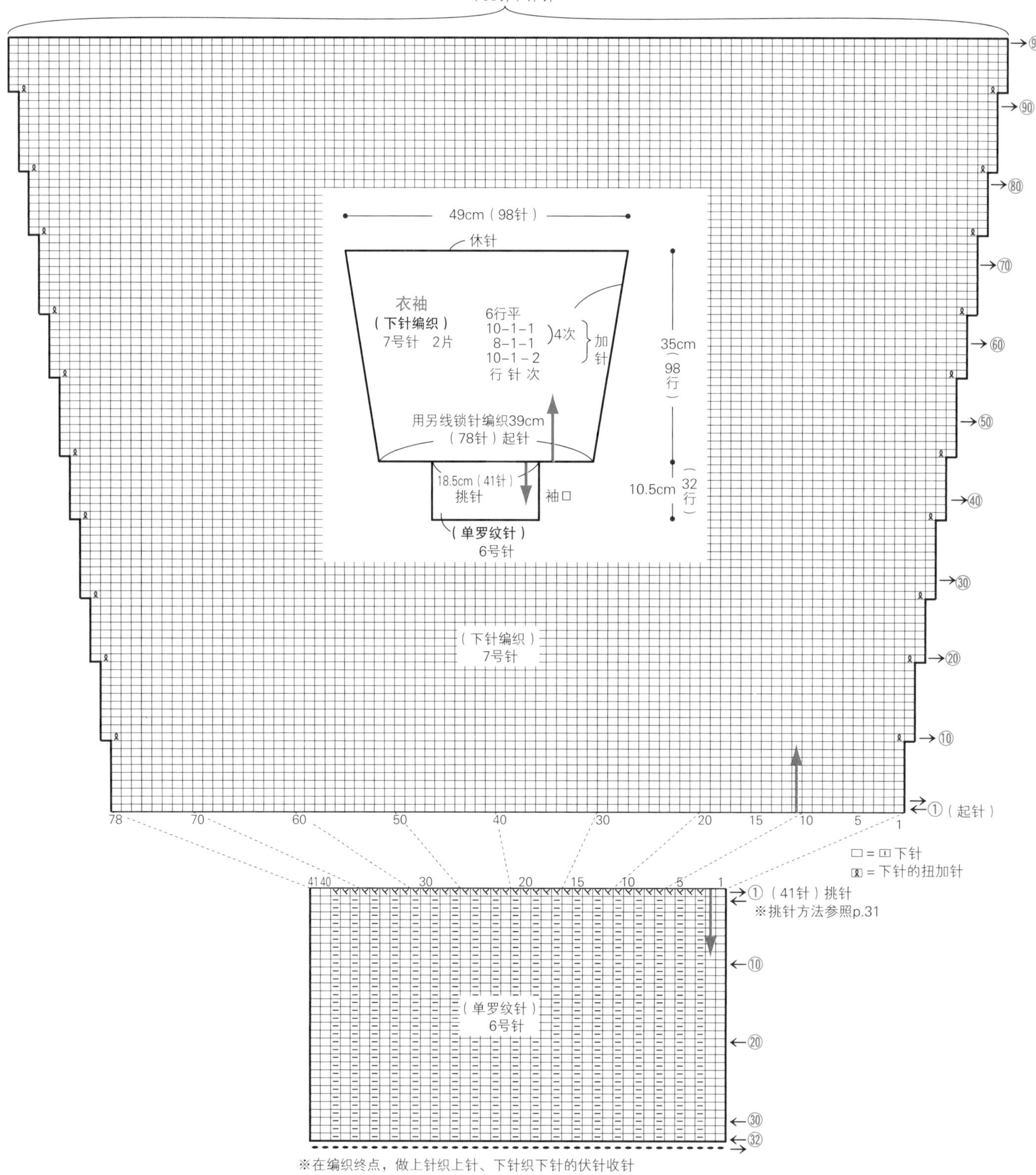
（98针）休针
49cm（98针）
休针
衣袖
（下针编织）
7号针 2片
6行平
10-1-1
8-1-1
10-1-2
行 针 次
4次
加针
35cm（98行）
用另线锁针编织39cm（78针）起针
18.5cm（41针）挑针
袖口
10.5cm（32行）
（单罗纹针）
6号针
（下针编织）
7号针
①（起针）
□ = ⊡ 下针
⊠ = 下针的扭加针
①（41针）挑针
※挑针方法参照p.31
（单罗纹针）
6号针
※在编织终点，做上针织上针、下针织下针的伏针收针

E 镂空花样的开衫

图片：p.11

● 材料

Sonomono Hairy／浅褐色（122）…165g；直径1.5cm的纽扣…1颗，直径1.3cm的纽扣…2颗

● 针

棒针5号、6号、7号

环形针80cm（6号）

● 编织密度（10cm×10cm面积内）

下针编织17针，24行

编织花样17.5针，24行

● 成品尺寸

胸围 131.5cm，衣长55.5cm，肩背宽 35cm，袖长49.5cm

● 编织方法

1 编织后身片

手指挂线起针，按照单罗纹针、编织花样、下针编织、单罗纹针的顺序编织。

2 编织左、右前身片

按照与后身片相同的方法编织。

3 编织衣袖

手指挂线起针，按照单罗纹针、编织花样、下针编织的顺序编织。编织相同的2片。

4 编织前门襟

从身片上挑针84针，编织起伏针。右前门襟需制作3个扣眼。

5 组合方法

肩部做盖针接合，两胁和袖下分别做挑针缝合。衣袖和身片做引拔接合。在左前门襟上缝上纽扣。

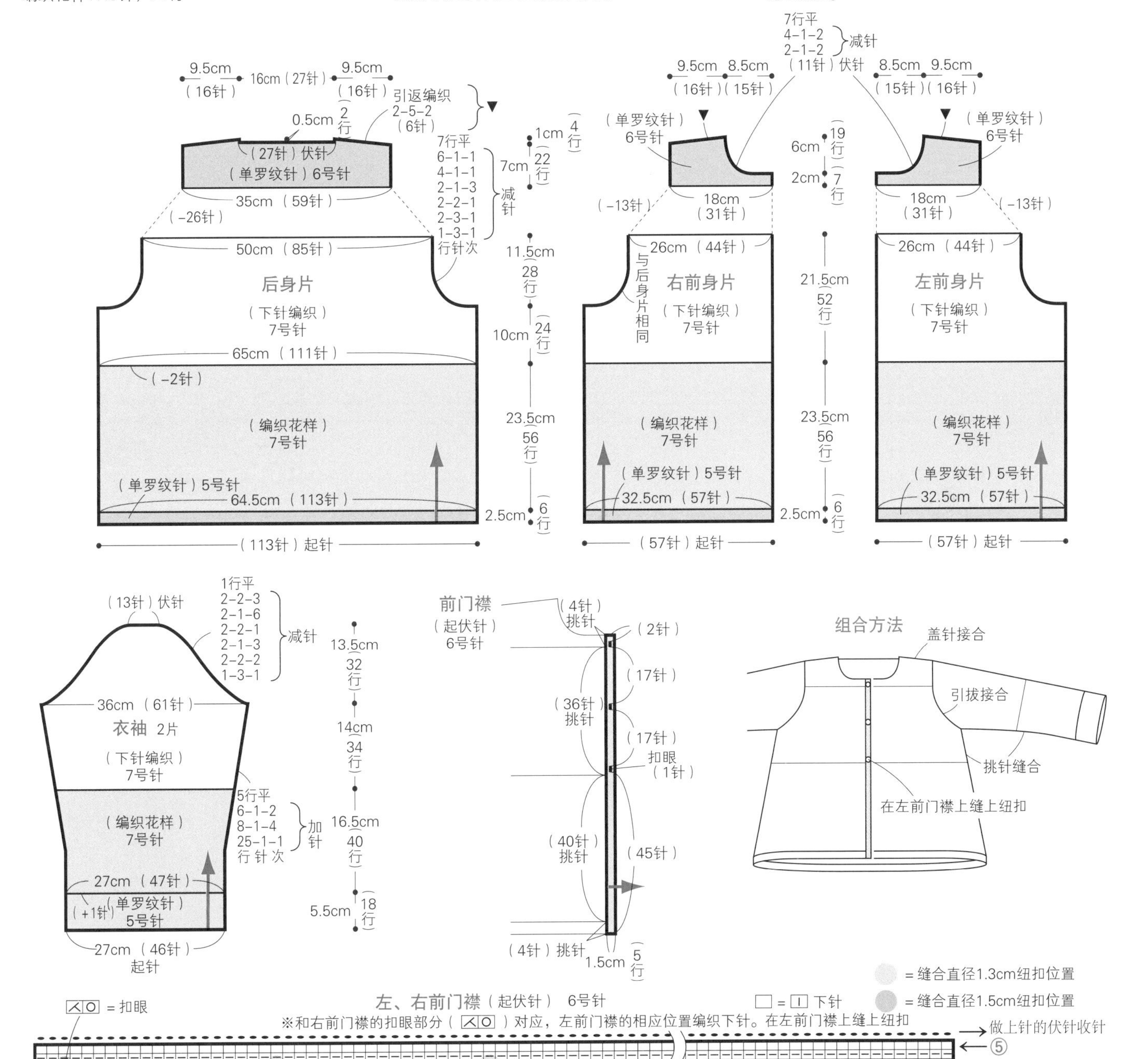

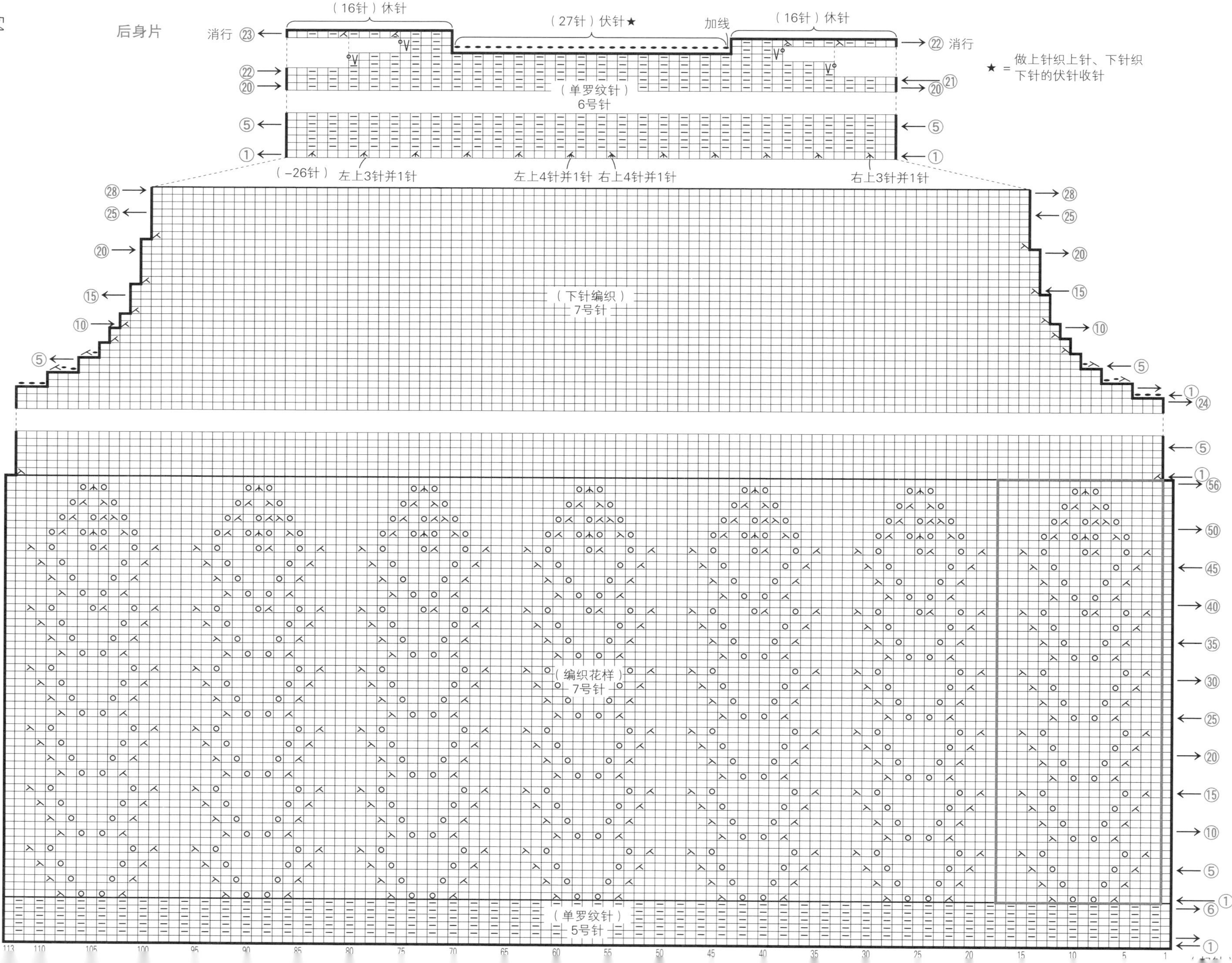
后身片
（16针）休针
（27针）伏针★
加线
（16针）休针
消行 ㉓
㉒ 消行
★ = 做上针织上针、下针织下针的伏针收针
（单罗纹针）
6号针
（-26针）
左上3针并1针
左上4针并1针
右上4针并1针
右上3针并1针
（下针编织）
7号针
（编织花样）
7号针
（单罗纹针）
5号针

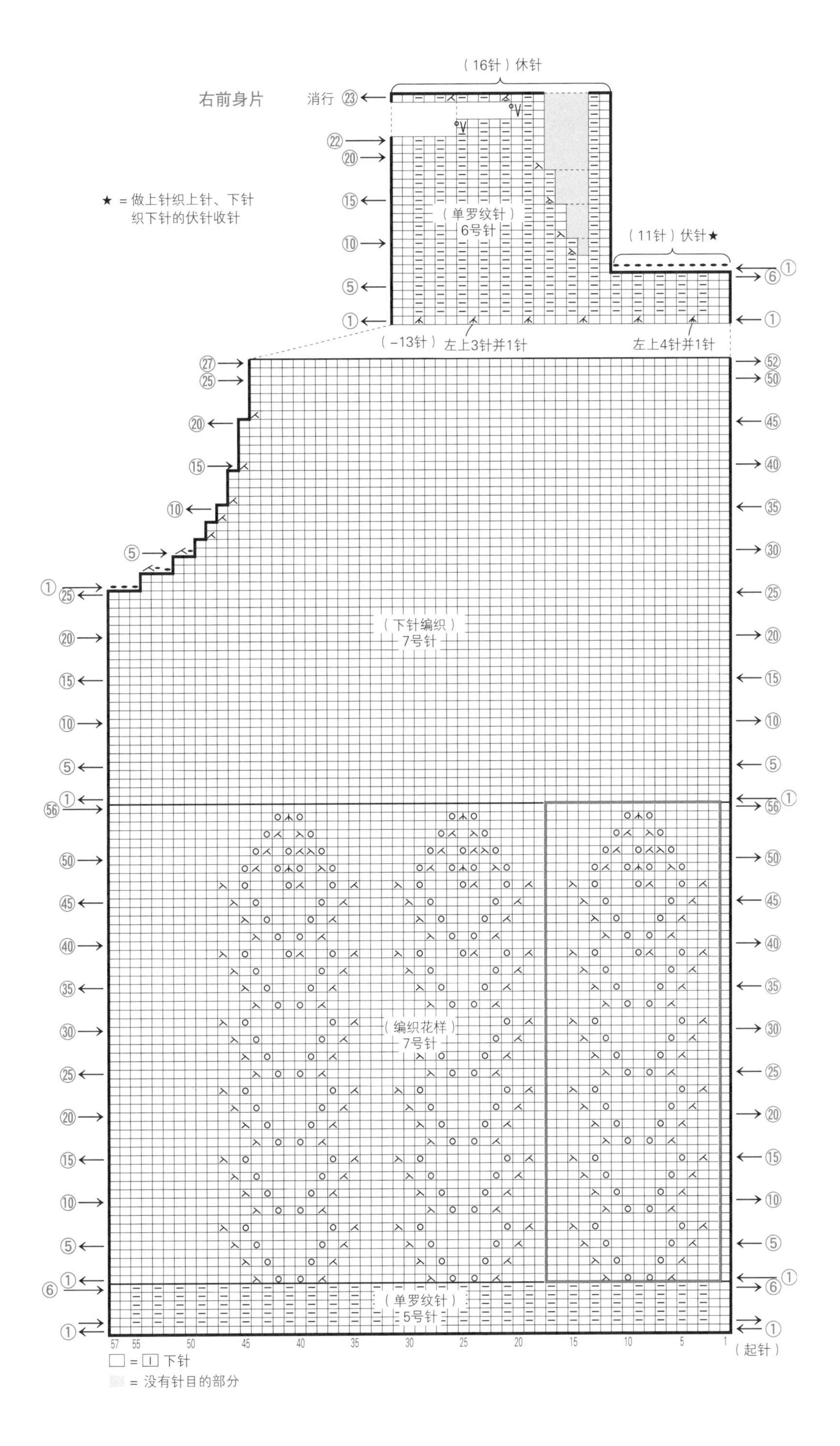

右前身片
(16针)休针
消行 ㉓
★ = 做上针织上针、下针织下针的伏针收针
(单罗纹针)
6号针
(11针)伏针★
(-13针)
左上3针并1针
左上4针并1针
(下针编织)
7号针
(编织花样)
7号针
(单罗纹针)
5号针
(起针)
□ = ⊟ 下针
= 没有针目的部分

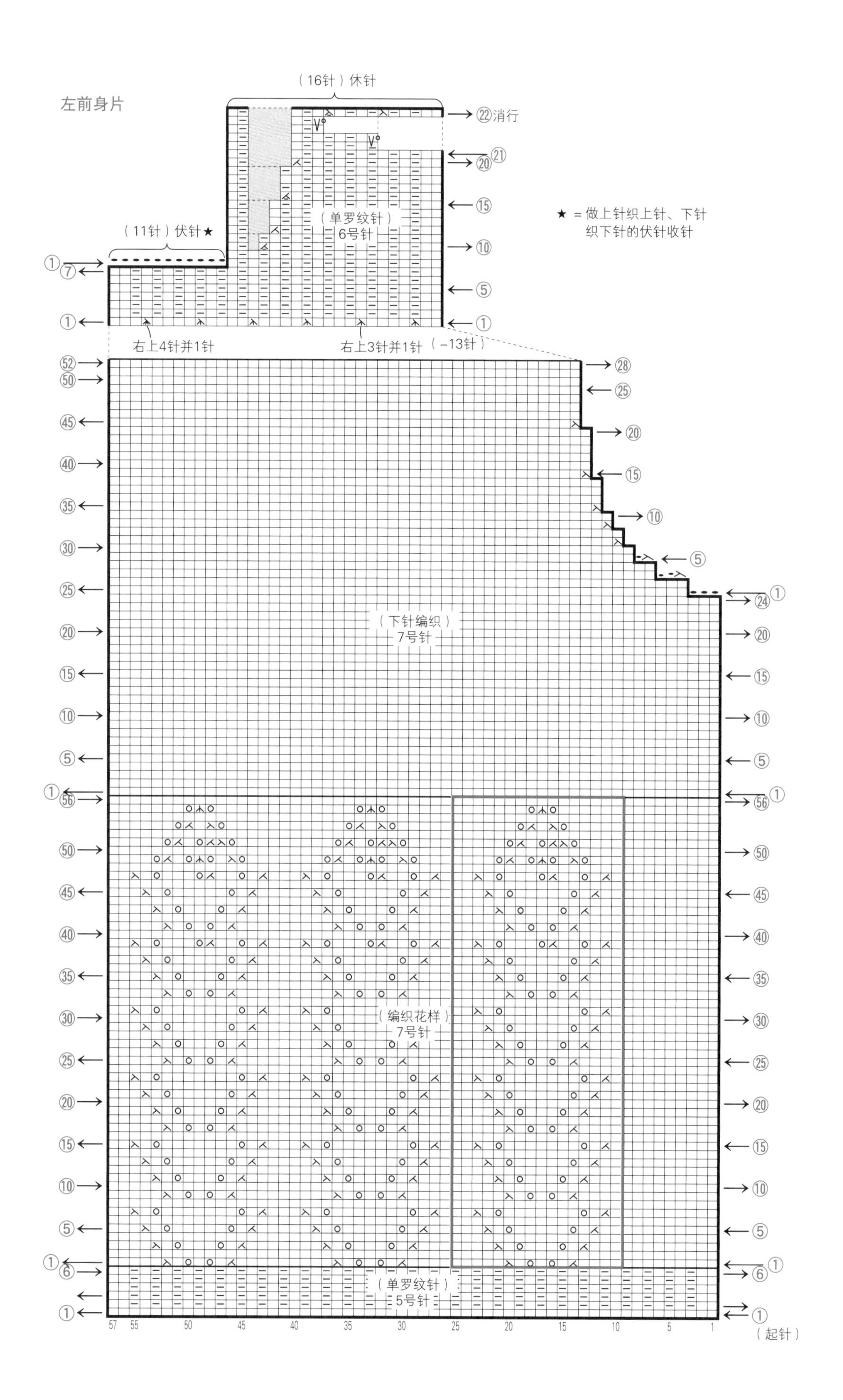

左前身片
（16针）休针
㉒消行
㉑
⑳
⑮
⑩
⑤
①
（单罗纹针）
6号针
（11针）伏针★
★ = 做上针织上针、下针织下针的伏针收针
右上4针并1针
右上3针并1针
（−13针）
（下针编织）
7号针
（编织花样）
7号针
（单罗纹针）
5号针
（起针）

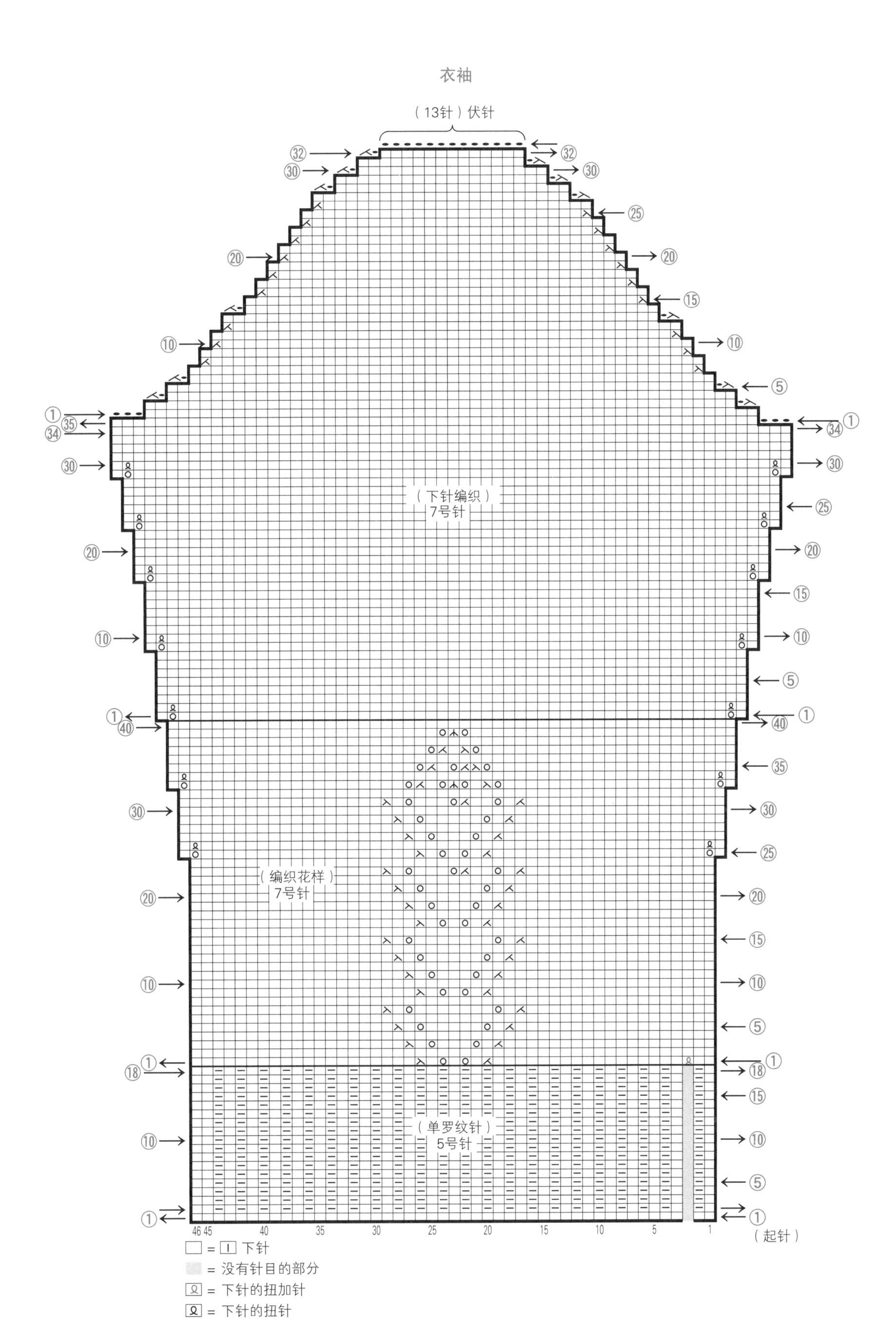
衣袖
（13针）伏针
（下针编织）
7号针
（编织花样）
7号针
（单罗纹针）
5号针
（起针）
= 下针
= 没有针目的部分
= 下针的扭加针
= 下针的扭针

F 阿兰花样的开衫

图片：p.12

● 材料

Sonomono Alpaca Wool（中粗）/ 深灰色（65）…500g，直径1.8cm的纽扣…6颗

● 针

棒针6号、8号

● 编织密度（10cm×10cm面积内）

下针编织20.5针，28行

编织花样A、B、C均为26.5针，28行

编织花样D30针，28行

● 成品尺寸

胸围 105cm，衣长58cm，

肩背宽 44cm，袖长48.5cm

● 编织方法

1 编织后身片

手指挂线起针，编织单罗纹针。继续做下针编织和编织花样D。

2 编织左、右前身片

手指挂线起针，编织单罗纹针。继续做编织花样A、B、C。

3 编织衣袖

手指挂线起针，编织单罗纹针。继续做下针编织和编织花样B、C。

4 编织衣领

肩部做盖针接合。编织衣领时，从领窝上挑针109针，编织单罗纹针。

5 编织左、右前门襟

从身片和衣领上挑针127针，编织单罗纹针。右前门襟需制作6个扣眼。

6 组合方法

肩部做盖针接合，两肋和袖下分别做挑针缝合。衣袖和身片做引拔接合。在左前门襟上缝上纽扣。

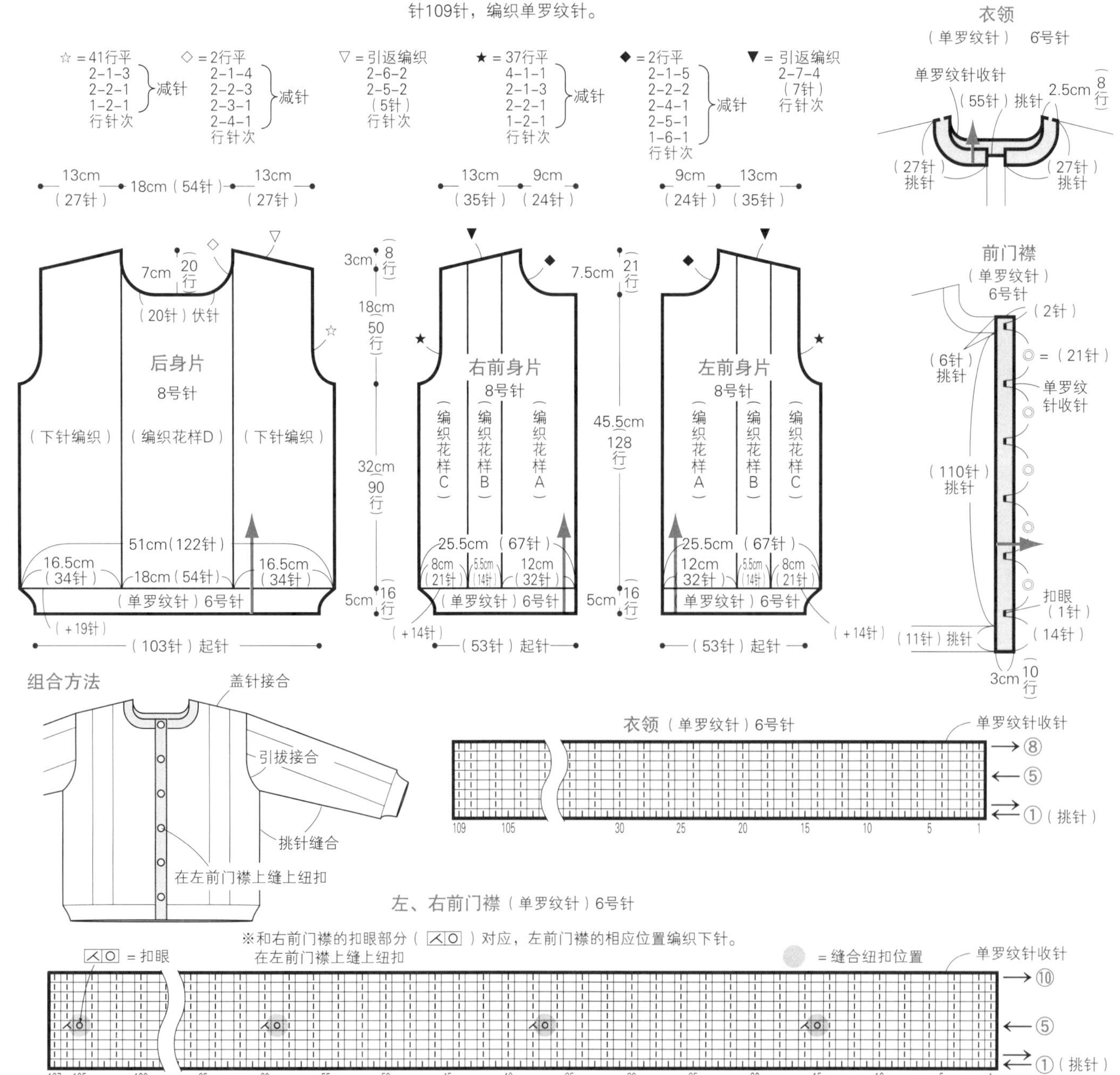

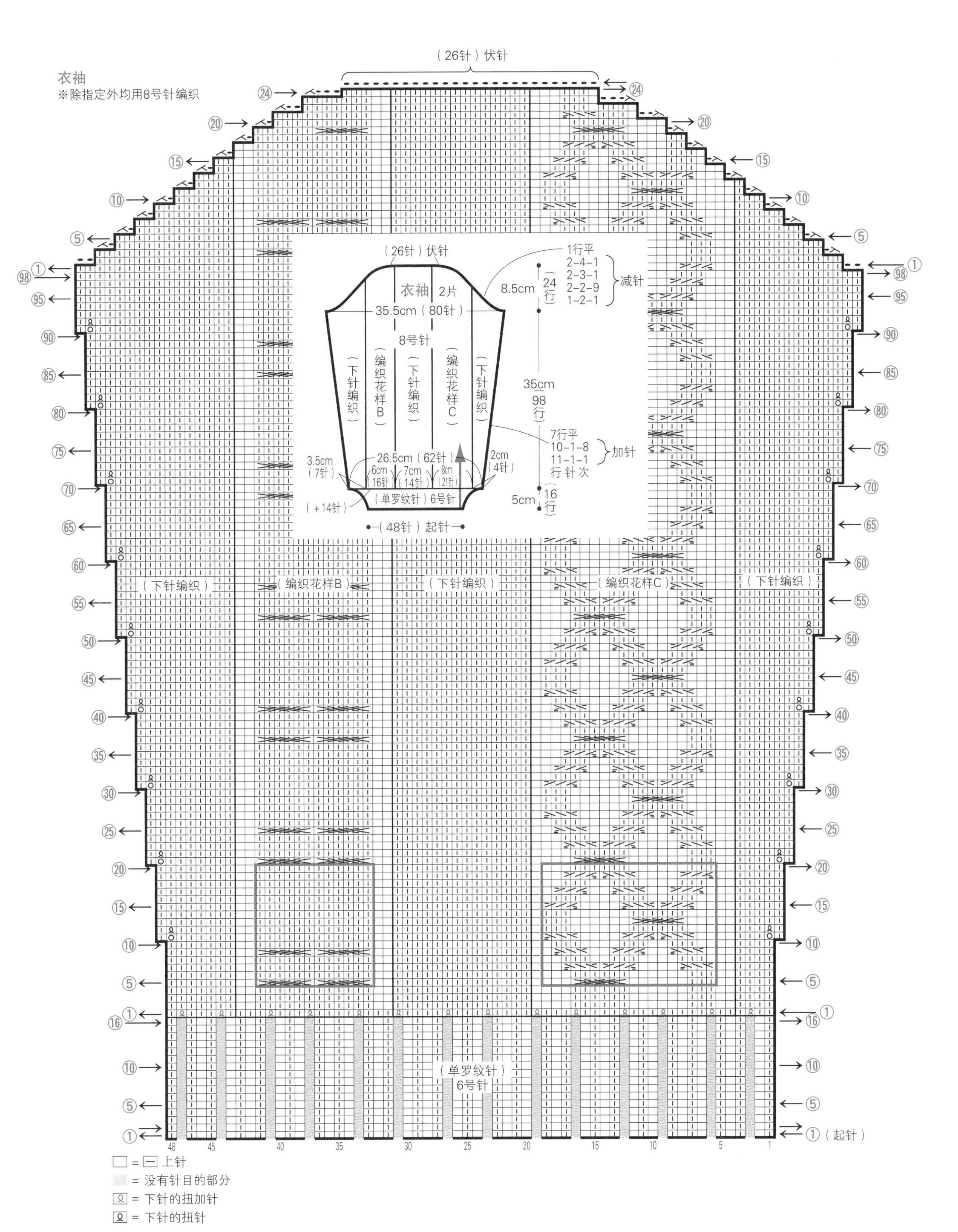
衣袖
※除指定外均用8号针编织
(26针)伏针
(26针)伏针
衣袖 2片
35.5cm(80针)
8号针
(下针编织)
(编织花样B)
(下针编织)
(编织花样C)
(下针编织)
8.5cm
(24行)
1行平
2-4-1
2-3-1
2-2-9
1-2-1
减针
35cm
98行
7行平
10-1-8
11-1-1
行 针 次
加针
3.5cm
(7针)
26.5cm(62针)
6cm
(16针)
7cm
(14针)
8cm
(21针)
2cm
(4针)
(单罗纹针)6号针
(+14针)
5cm
16行
(48针)起针
(下针编织)
(编织花样B)
(下针编织)
(编织花样C)
(下针编织)
(单罗纹针)
6号针
①(起针)
= 上针
= 没有针目的部分
= 下针的扭加针
= 下针的扭针

后身片

※除指定外均用8号针编织

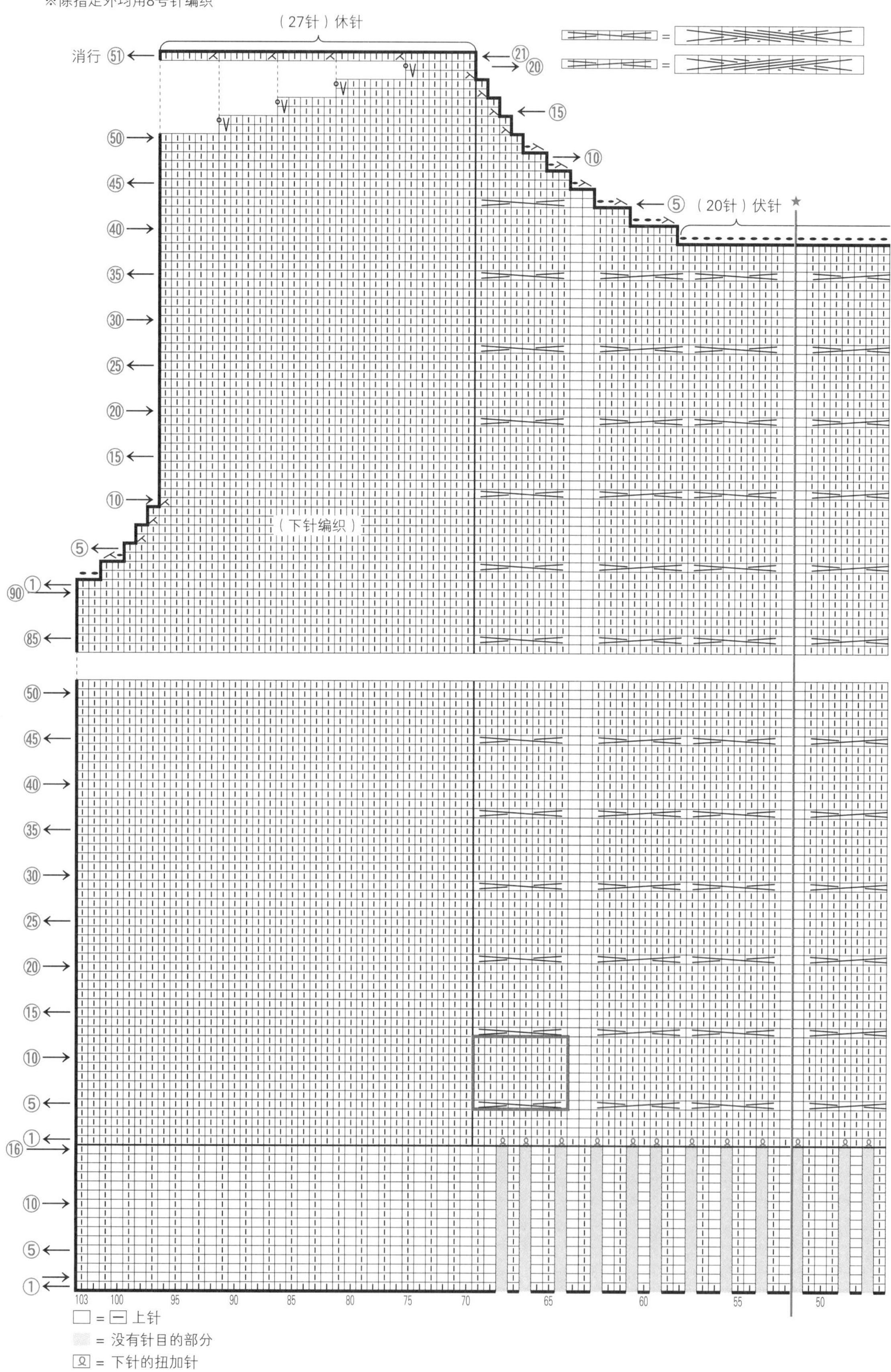

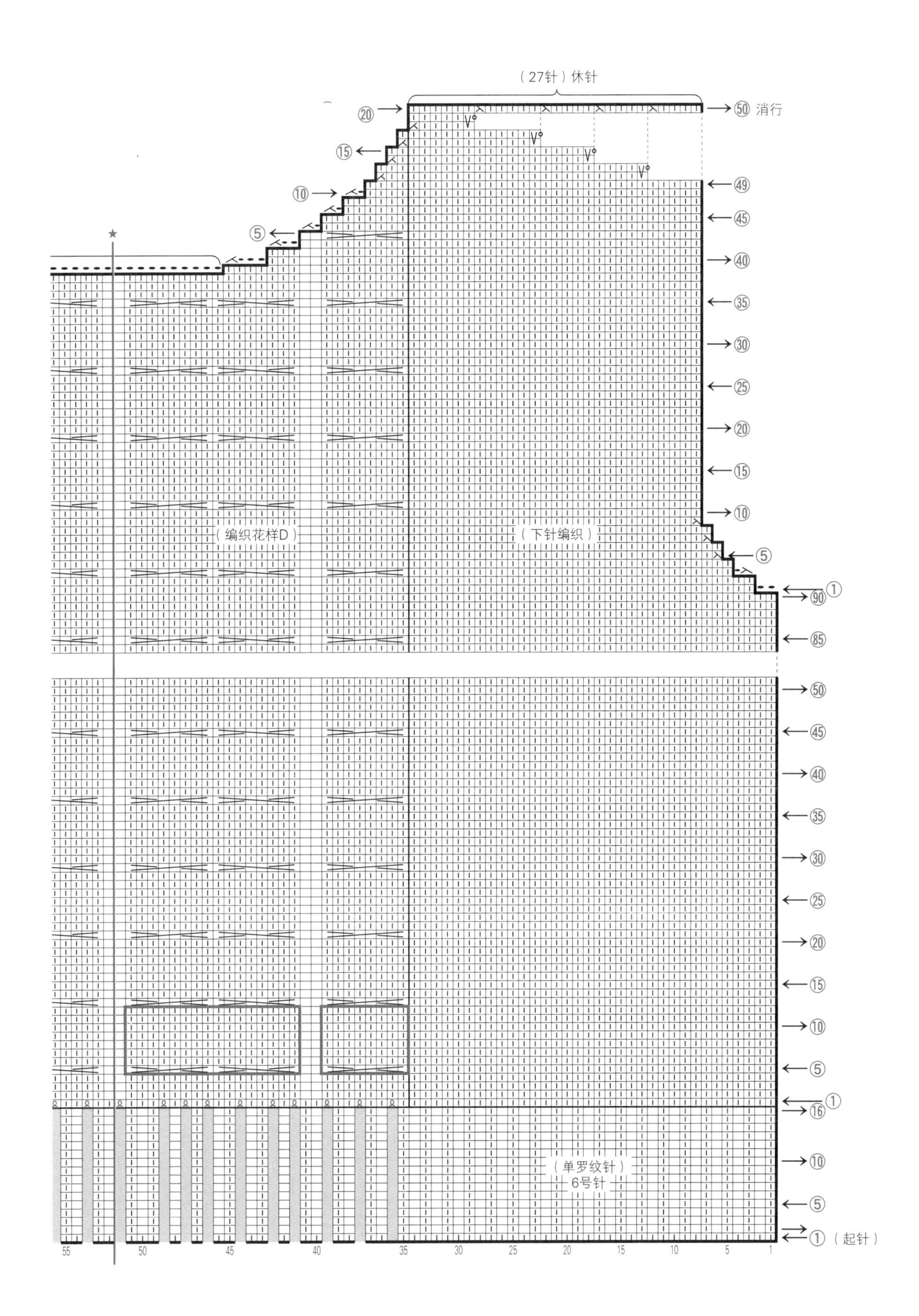
（27针）休针
⑳
⑮
⑩
⑤
★
⑤₀ 消行
④⑨
④⑤
④₀
③⑤
③₀
②⑤
②₀
⑮
⑩
⑤
①
⑨₀
⑧⑤
（编织花样D）
（下针编织）
⑤₀
④⑤
④₀
③⑤
③₀
②⑤
②₀
⑮
⑩
⑤
①
⑯
（单罗纹针）
6号针
⑩
⑤
①（起针）
55
50
45
40
35
30
25
20
15
10
5
1

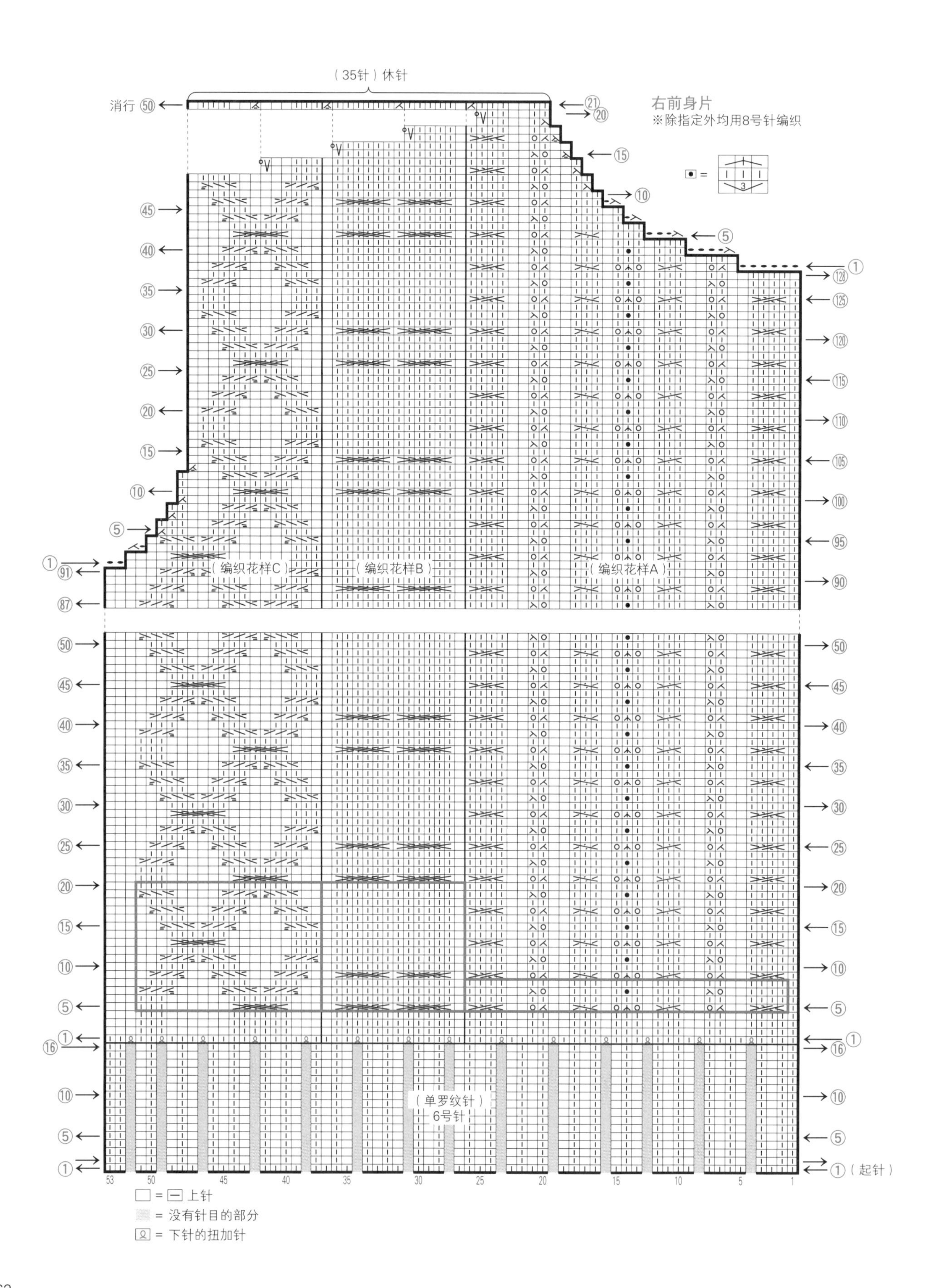

（35针）休针
消行 50
右前身片
※除指定外均用8号针编织
（编织花样C）
（编织花样B）
（编织花样A）
（单罗纹针）
6号针
①（起针）
□ = ⊟ 上针
▒ = 没有针目的部分
ℚ = 下针的扭加针

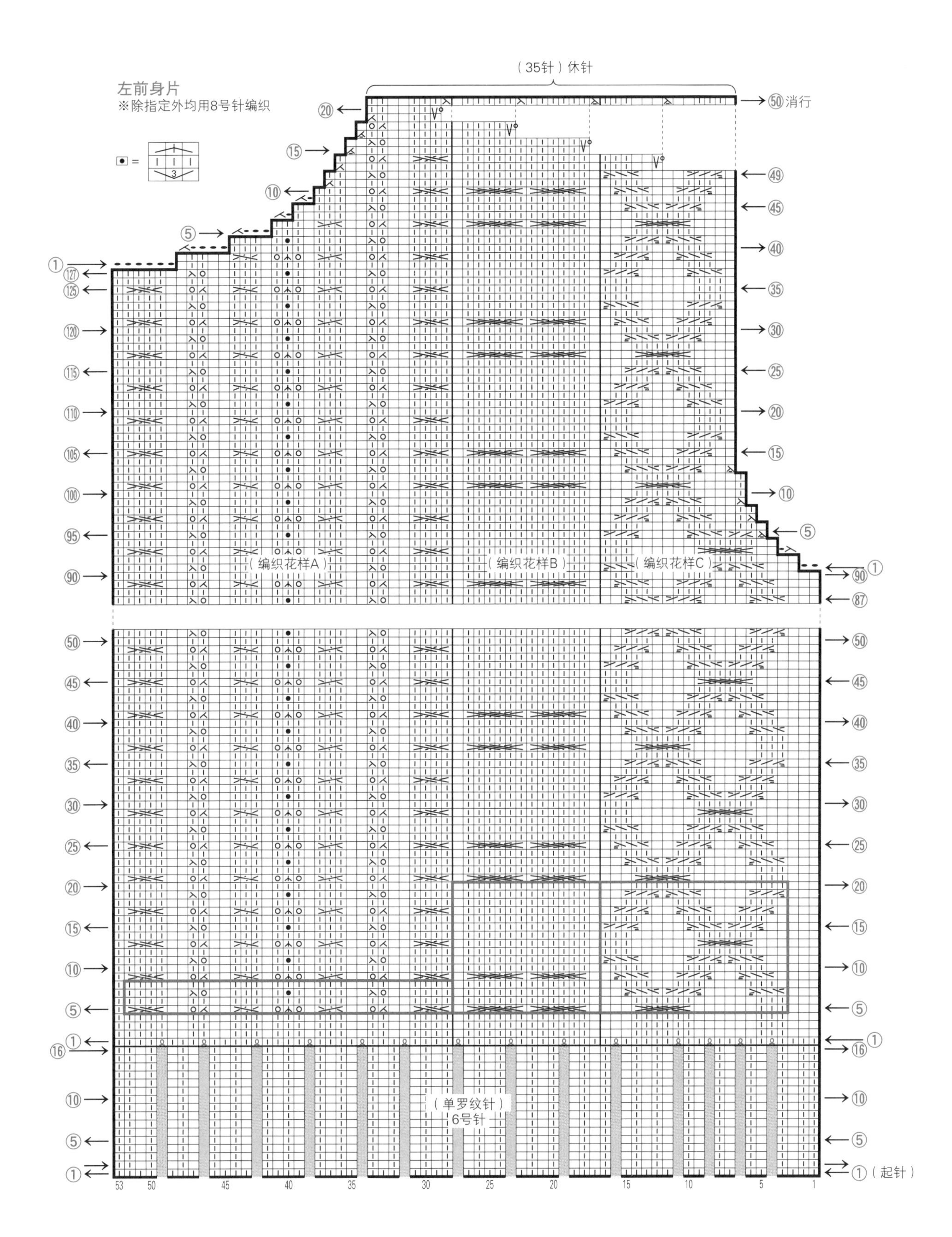

左前身片
※除指定外均用8号针编织
（35针）休针
⑤⓪消行
（编织花样A）
（编织花样B）
（编织花样C）
（单罗纹针）
6号针
①（起针）

G 编织花样的毛衣

图片：p.14
重点教程：p.36

● 材料
Sonomono Alpaca Wool（中粗）/灰色（64）…455g

● 针
棒针5号、7号

● 编织密度（10cm×10cm面积内）
编织花样26.5针，27行
下针编织20针，27行

● 成品尺寸
胸围 98cm，衣长57cm，
肩背宽 37cm，袖长53.5cm

● 编织方法

1 编织后身片
手指挂线起针，编织双罗纹针。继续做下针编织、起伏针、编织花样。

2 编织前身片
手指挂线起针，编织下摆❶、❷、❸。将下摆❸的起伏针重叠在下摆❶、❷的起伏针上，重叠的部分一边编织2针并1针，一边编织前身片的第1行。之后，按照与后身片相同的方法编织。

3 编织衣袖
手指挂线起针，编织双罗纹针。继续用下针编织一边加、减针，一边编织。编织相同的2片。

4 编织衣领
肩部做盖针接合。编织衣领时，从领窝挑针124针，编织双罗纹针。

5 组合方法
两胁和袖下分别做挑针缝合。衣袖和身片做引拔接合。

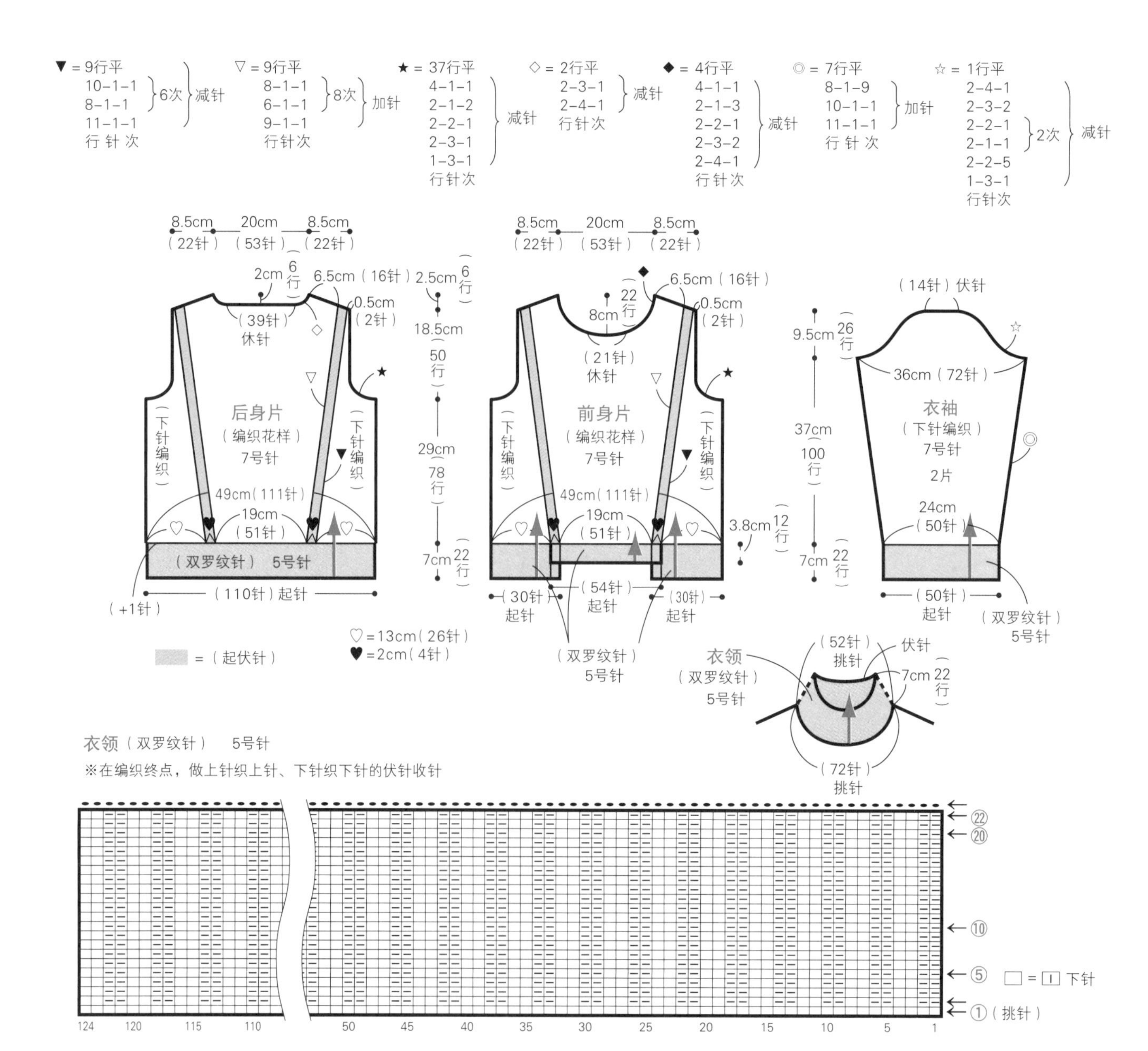

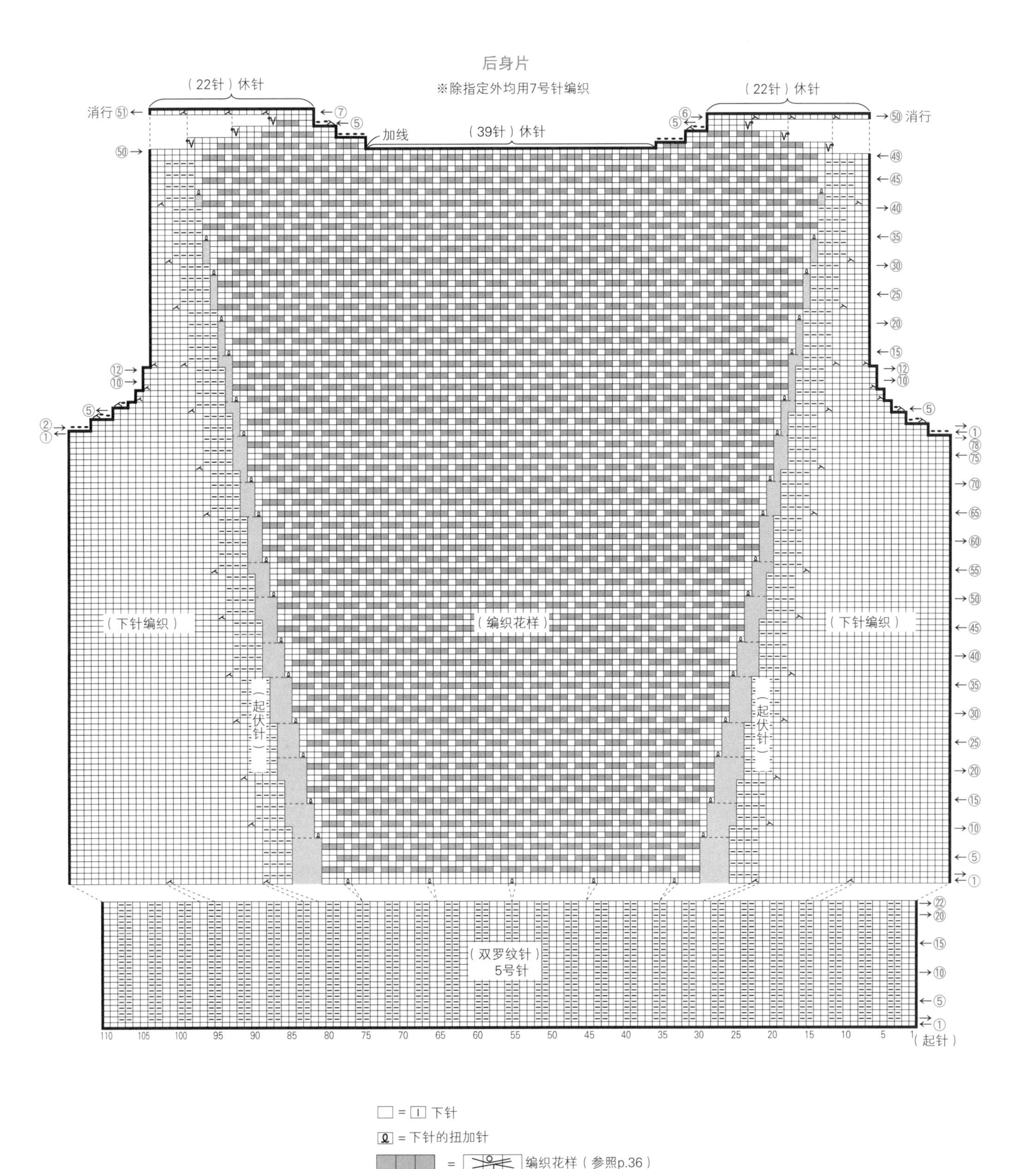

□ = ⊡ 下针

Ω = 下针的扭加针

▦ = 编织花样(参照p.36)

▢ = 没有针目的部分

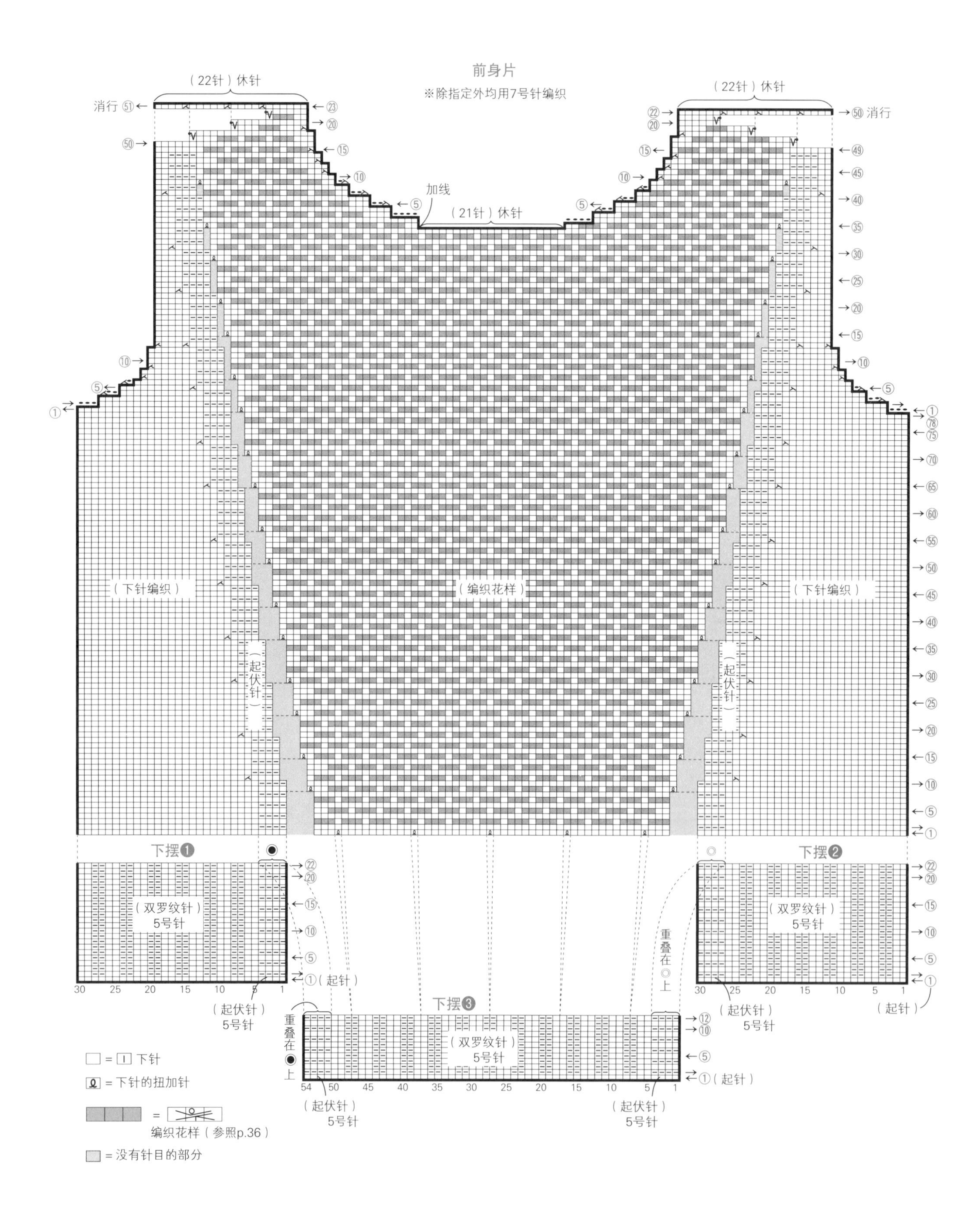
前身片
※除指定外均用7号针编织
（22针）休针
（22针）休针
消行 ㉛
消行 ㊿
加线
（21针）休针
（下针编织）
（编织花样）
（下针编织）
（起伏针）
（起伏针）
下摆❶
下摆❷
（双罗纹针）
5号针
（双罗纹针）
5号针
①（起针）
（起伏针）
5号针
（起伏针）
5号针
（起针）
重叠在◎上
下摆❸
重叠在●上
（双罗纹针）
5号针
①（起针）
（起伏针）
5号针
（起伏针）
5号针
= 下针
= 下针的扭加针
编织花样（参照p.36）
= 没有针目的部分

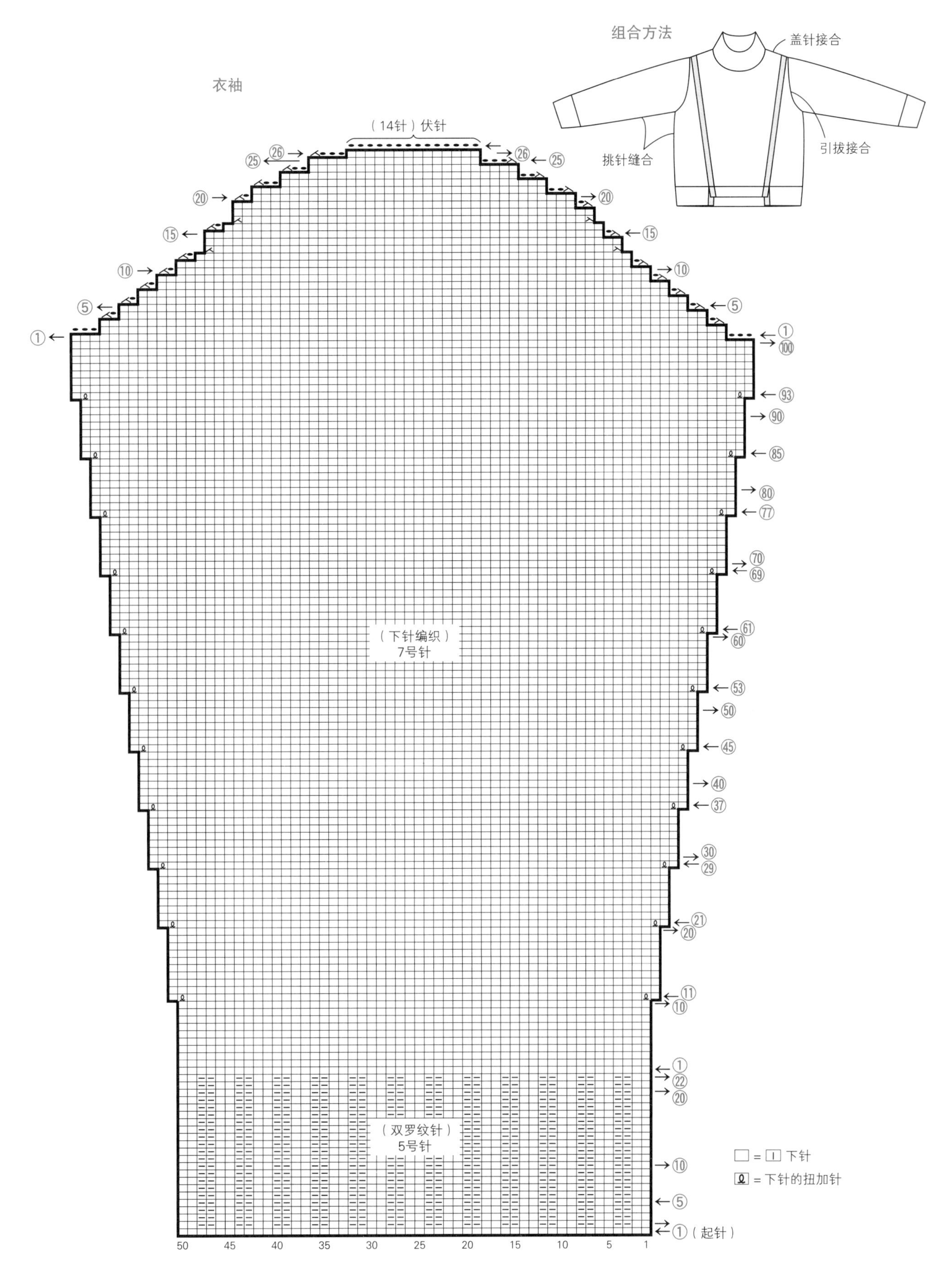
衣袖
组合方法
盖针接合
挑针缝合
引拔接合
（14针）伏针
（下针编织）
7号针
（双罗纹针）
5号针
①（起针）
□ = ▯ 下针
ꝏ = 下针的扭加针

H 多种花样的围脖

图片：p.16

● 材料

Sonomono（超级粗）/原白色（11）…120g，Sonomono Loop/原白色（51）…75g，Sonomono Hairy/原白色（121）…20g

● 针

棒针8mm

● 编织密度（10cm×10cm面积内）

编织花样A11.5针，22行

编织花样B11.5针，19.5行

起伏针11.5针，21行

双桂花针12针，16行

● 成品尺寸

周长133cm，宽20cm

● 编织方法

1 编织主体

手指挂线起针，参照编织图，用指定的线和编织花样编织。不过需要在开始编织双桂花针的前一行加一针。在编织花样B的第1行减1针，继续编织。用Hairy线编织时，使用3股线。

2 组合方法

编织起点和编织终点的针目对齐，做下针编织无缝缝合（参照p.34）。

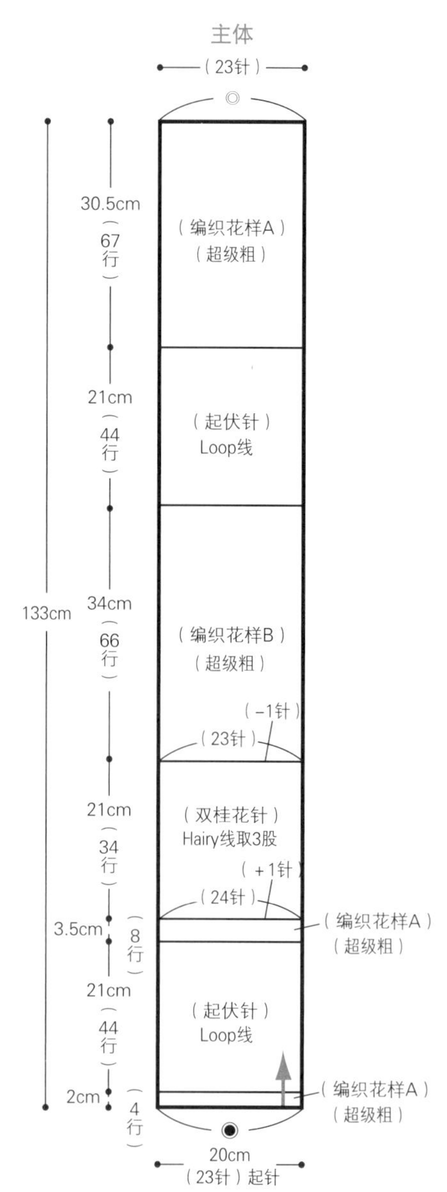

※对齐●、◎标记，做下针编织无缝缝合

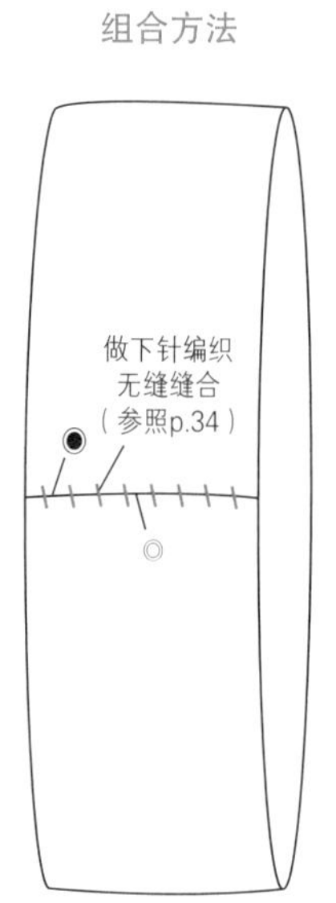

主体

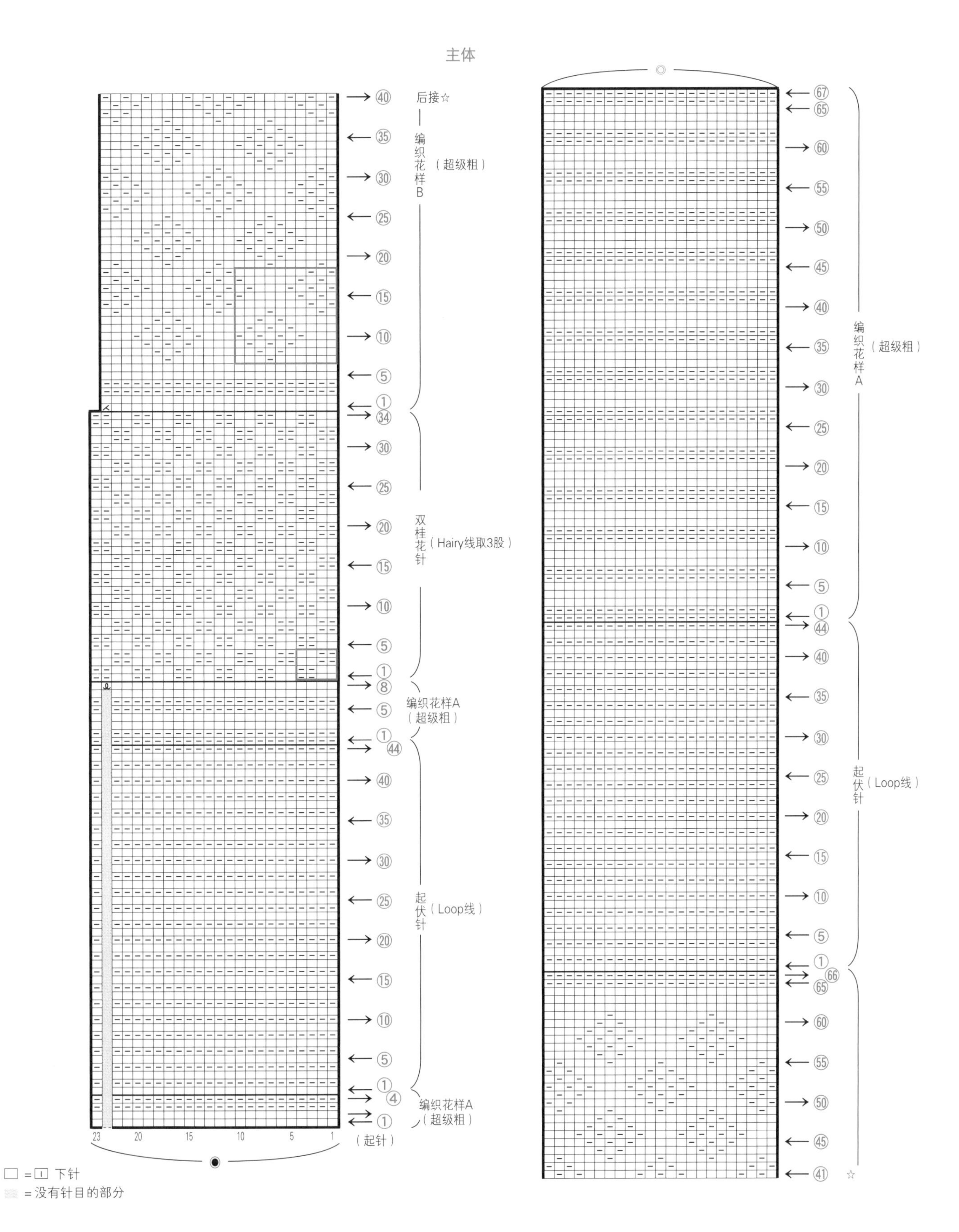

□ = ⊡ 下针
▒ = 没有针目的部分

阿兰花样的连指手套

图片：p.17
重点教程：p.36

● 材料
Sonomono Royal Alpaca／原白色（141）…50g
● 针
棒针5号、6号
● 编织密度（10cm×10cm面积内）
编织花样A24针，37.5行
编织花样B27针，33行
● 成品尺寸
手掌围21.5cm，长25cm

● 编织方法
1 编织左、右手主体
手指挂线起针，编织双罗纹针。继续做编织花样A和编织花样B。在第21行的拇指洞部分（━），用另线织入7针（详细过程见p.71）。在编织终点，将线在剩余的针目中穿2圈后拉紧。

2 编织拇指
从主体的另线上、下的• 和 ∘ 处共挑针17针，环形编织下针编织，在第2行减1针。第20行一边做2针并1针一边编织。在编织终点，将线在剩余的针目中穿2圈后拉紧。

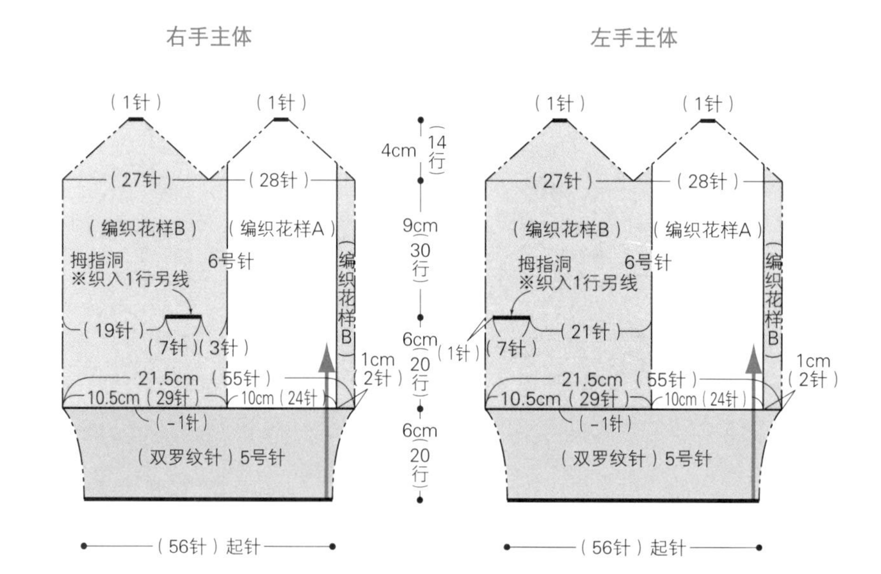

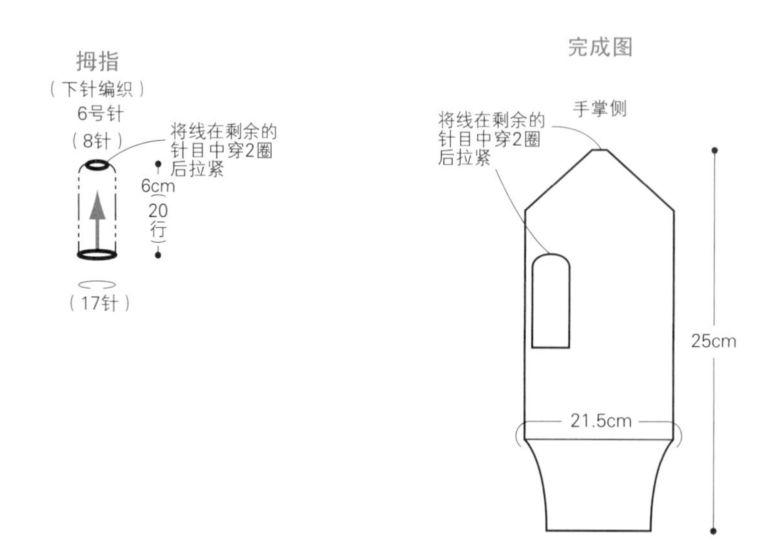

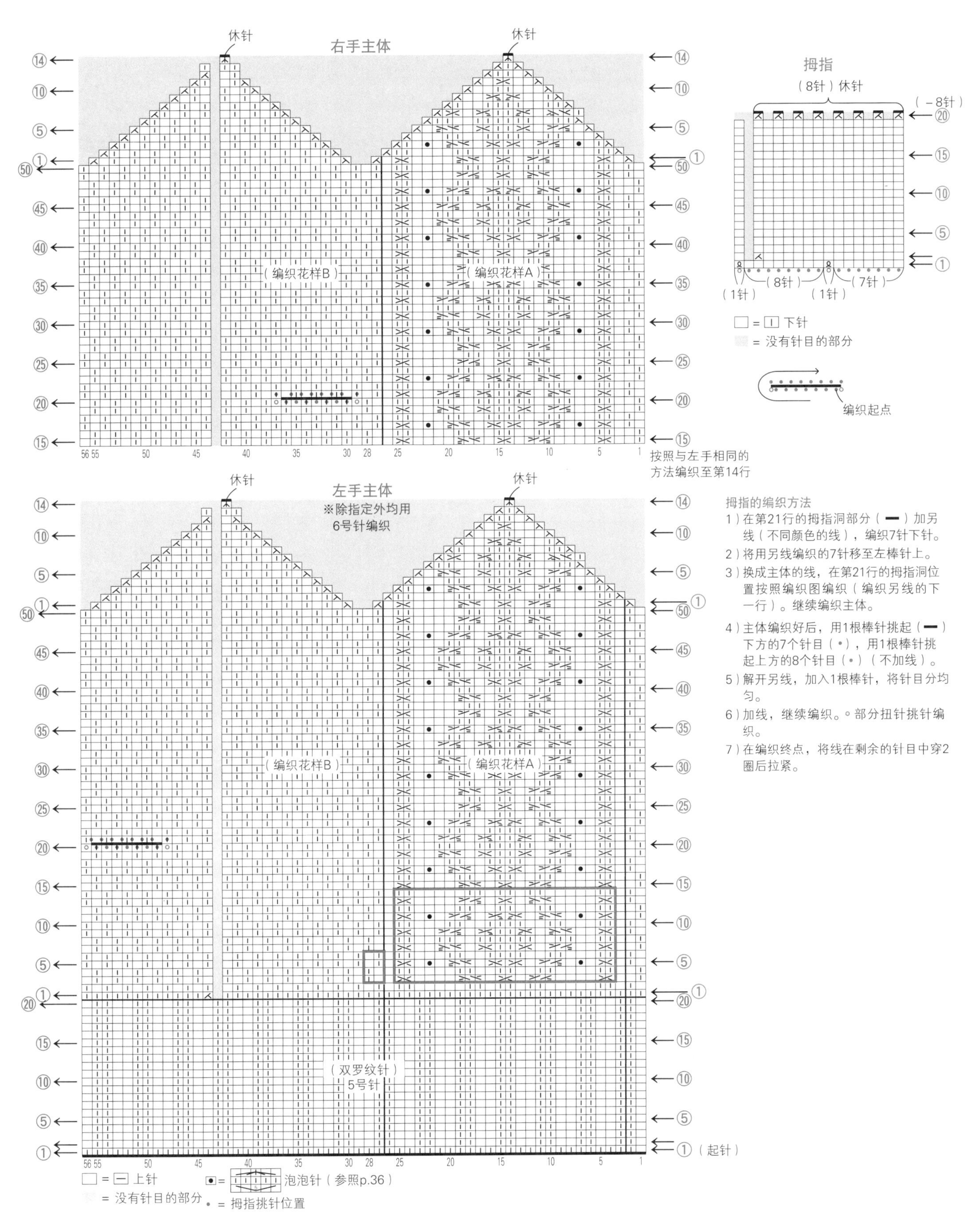

拇指的编织方法

1)在第21行的拇指洞部分(━)加另线(不同颜色的线),编织7针下针。

2)将用另线编织的7针移至左棒针上。

3)换成主体的线,在第21行的拇指洞位置按照编织图编织(编织另线的下一行)。继续编织主体。

4)主体编织好后,用1根棒针挑起(━)下方的7个针目(•),用1根棒针挑起上方的8个针目(•)(不加线)。

5)解开另线,加入1根棒针,将针目分均匀。

6)加线,继续编织。◦部分扭针挑针编织。

7)在编织终点,将线在剩余的针目中穿2圈后拉紧。

J 阿兰花样的毛衣

图片：p.18

● 材料

Sonomono Alpaca Wool（中粗）/ 原白色（61）…610g

● 针

棒针5号、6号

● 编织密度（10cm×10cm面积内）

下针编织23.5针，29.5行

编织花样30.5针，31行

● 成品尺寸

胸围 99cm，衣长64.5cm，

肩背宽 49.5cm，袖长44.5cm

● 编织方法

1 编织前、后下身片

手指挂线起针，按照双罗纹针、下针编织的顺序编织。编织相同的2片。

2 编织前、后上身片

手指挂线起针，编织双罗纹针。继续对齐前、后下身片最后一行的针目做编织花样。在开口止位做记号。

3 编织衣袖

手指挂线起针，编织双罗纹针、下针编织。编织相同的2片。

4 编织衣领

肩部做引拔接合。编织衣领时，从领窝上挑针116针，环形编织双罗纹针。编织终点做伏针收针，将衣领折回内侧，接缝至第1行。

5 组合方法

肩部做引拔接合，两胁和袖下分别做挑针缝合。衣袖和身片对齐针目与行做引拔接合。

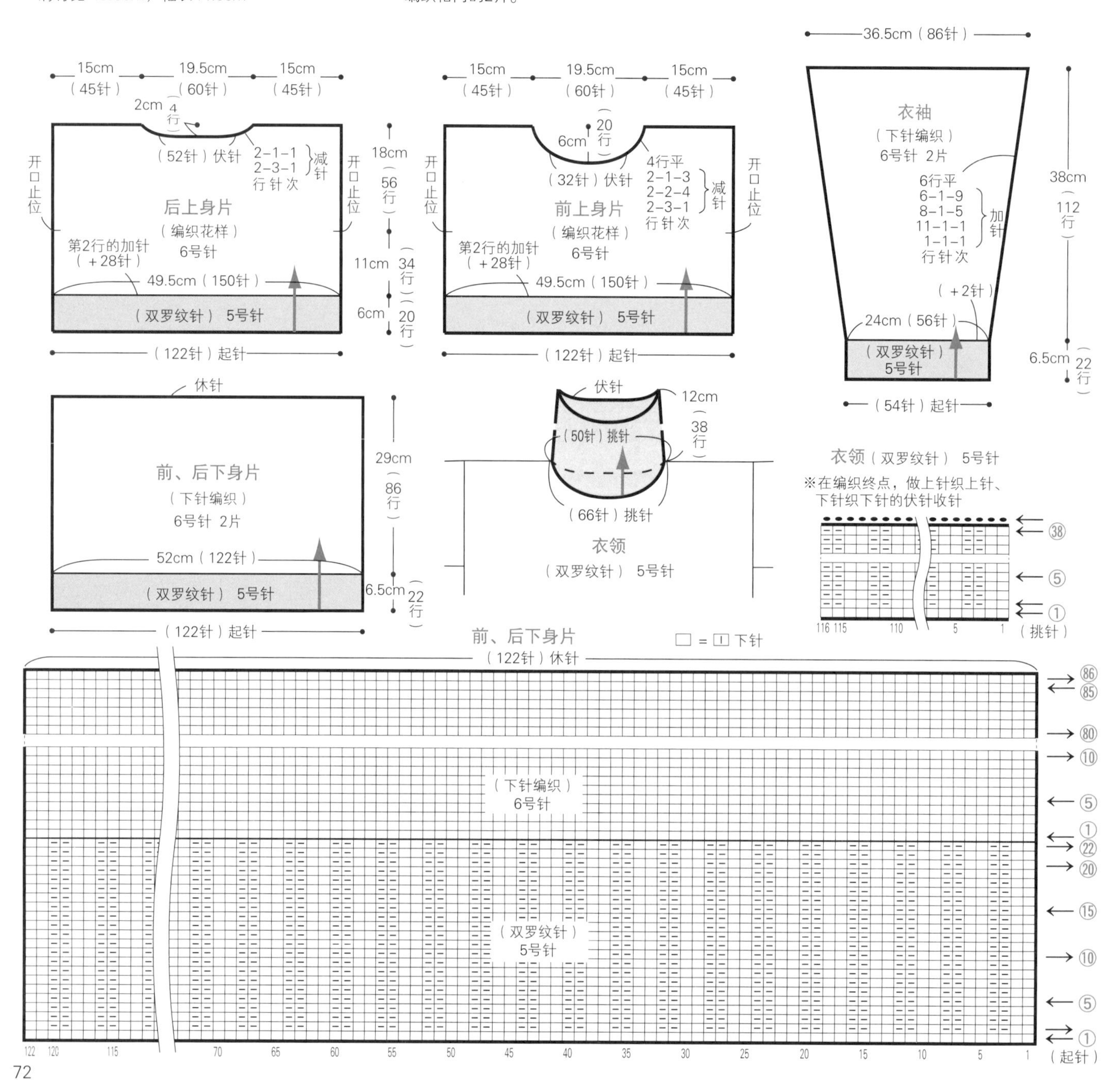

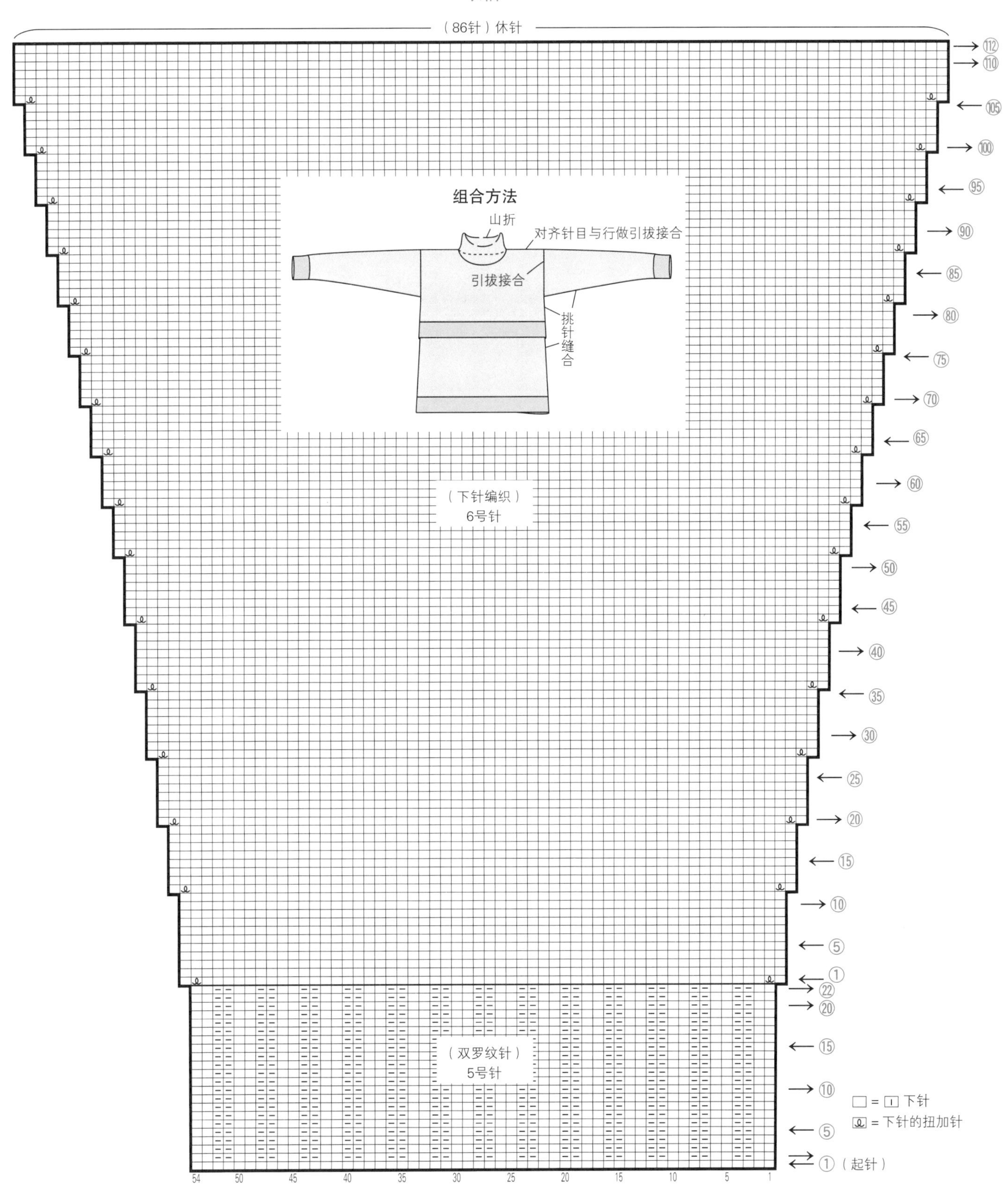

衣袖
（86针）休针
组合方法
山折
对齐针目与行做引拔接合
引拔接合
挑针缝合
（下针编织）
6号针
（双罗纹针）
5号针
（起针）
□ = ⊡ 下针
= 下针的扭加针

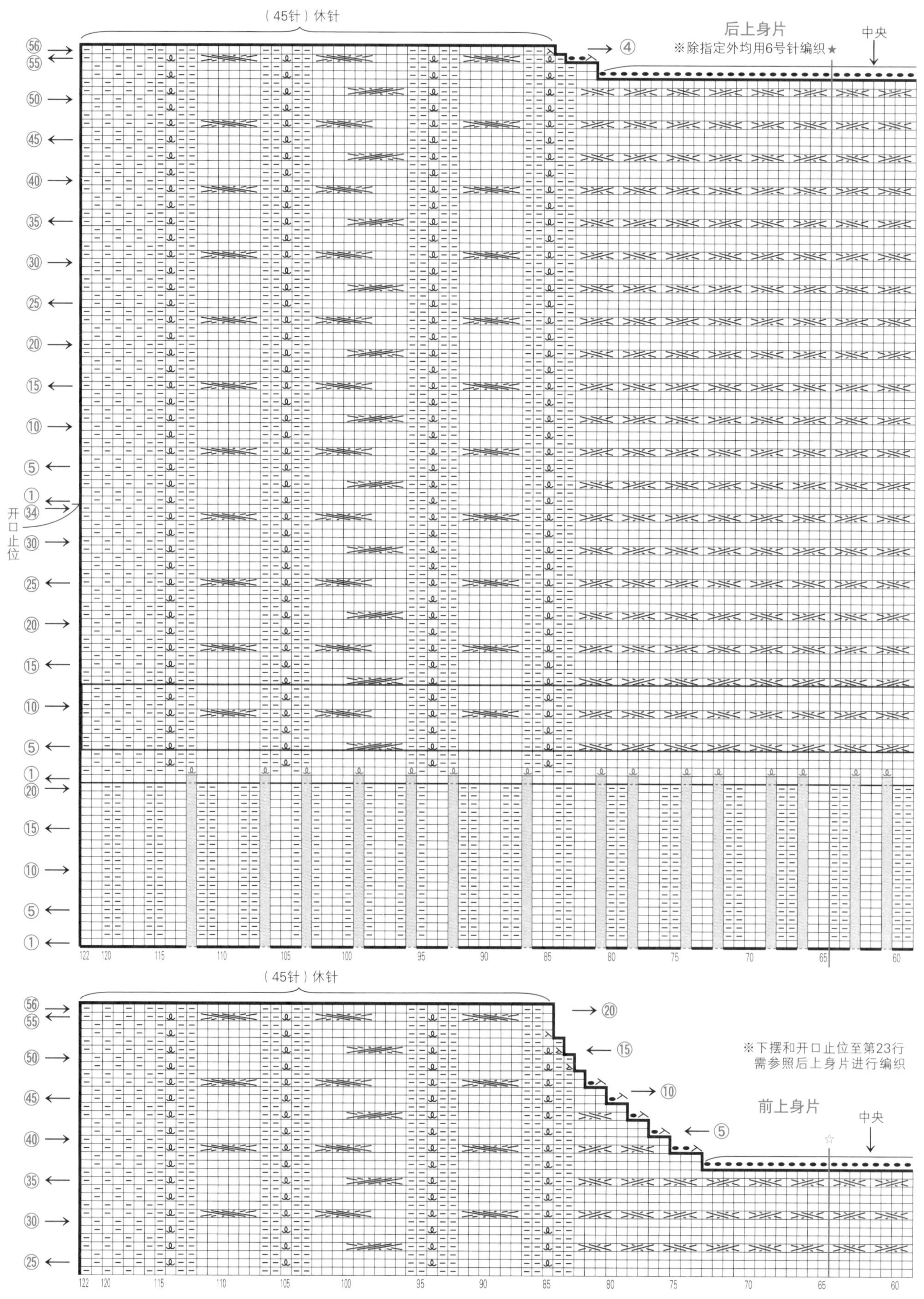
（45针）休针
后上身片
※除指定外均用6号针编织★
中央
④
开口止位
（45针）休针
⑳
⑮
⑩
⑤
※下摆和开口止位至第23行
需参照后上身片进行编织
前上身片
中央
☆

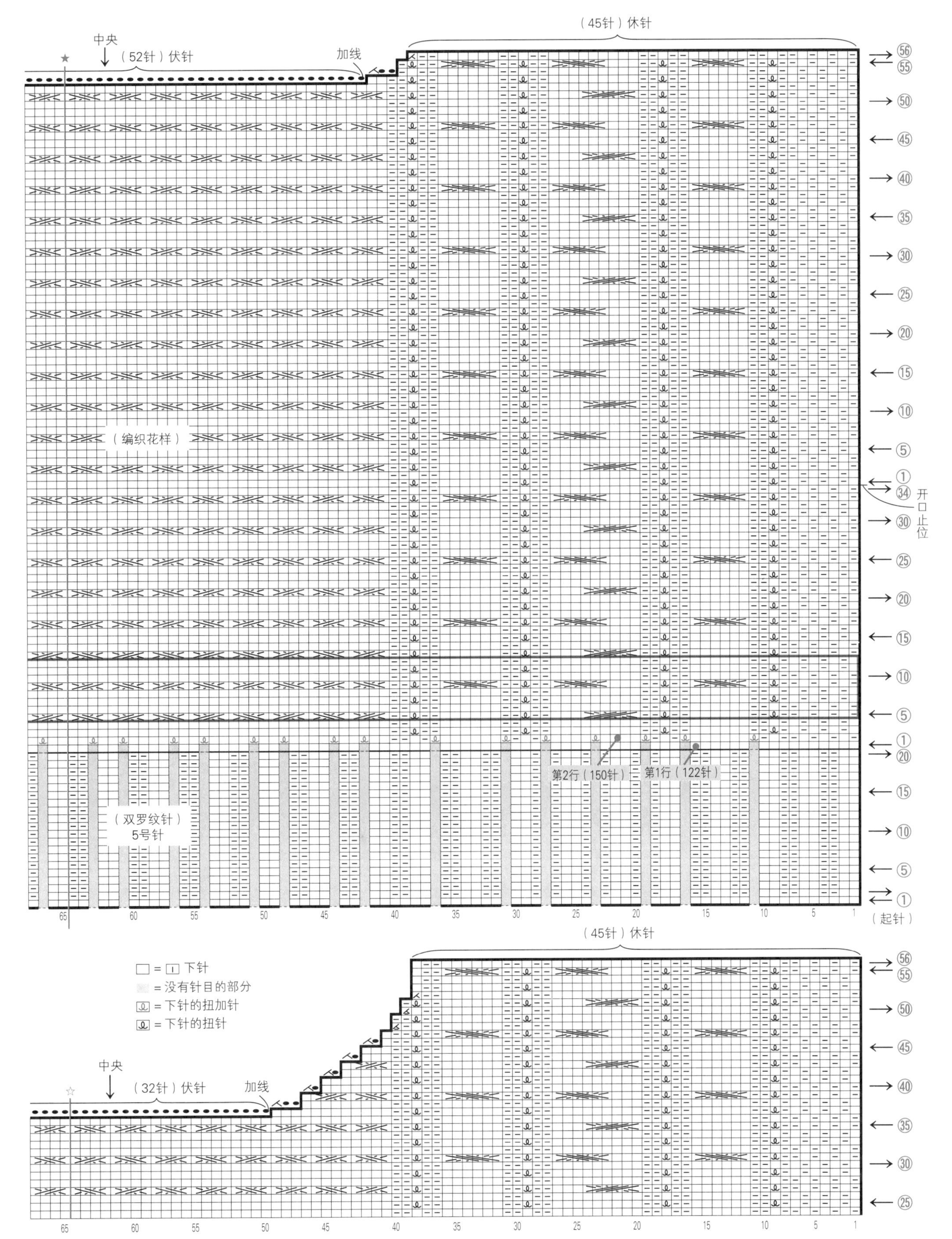

(45针)休针
中央
(52针)伏针
加线
(编织花样)
开口止位
第2行(150针)
第1行(122针)
(双罗纹针)
5号针
(起针)
(45针)休针
□ = □ 下针
= 没有针目的部分
= 下针的扭加针
= 下针的扭针
中央
(32针)伏针
加线

K 菱形花样的毛衣

图片：p.20

● 材料

Sonomono Alpaca Wool／原白色（41）…615g

● 针

棒针7号、8号、10号

● 编织密度（10cm×10cm面积内）

编织花样18针，24.5行

下针编织17针，22行

● 成品尺寸

胸围 97cm，衣长59cm，

肩背宽 48cm，袖长48cm

● 编织方法

1 编织后身片

手指挂线起针，编织扭针单罗纹针。继续做编织花样，在开口止位做出标记。

2 编织前身片

按照与后身片相同的方法编织。

3 编织衣袖

手指挂线起针，按照扭针单罗纹针、下针编织的顺序编织。编织相同的2片。

4 编织衣领

肩部做引拔接合。编织衣领时，从领窝上挑针76针，环形编织扭针单罗纹针。编织终点做伏针收针，将衣领折回内侧，用卷针缝缝在第1行上。

5 组合方法

两胁和袖下分别做挑针缝合。衣袖和身片对齐针目与行做引拔接合。

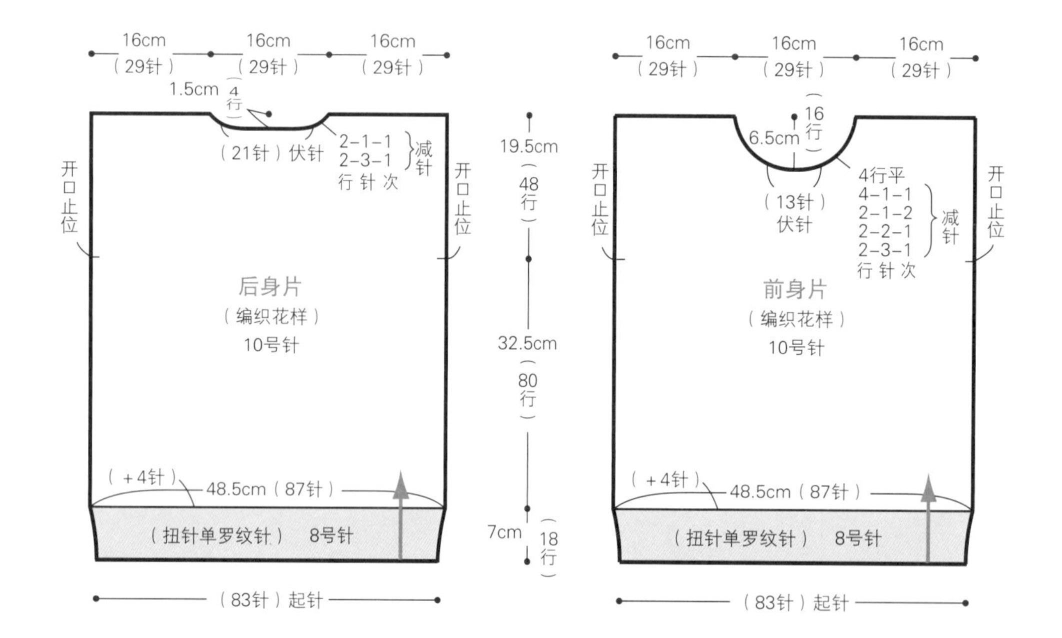

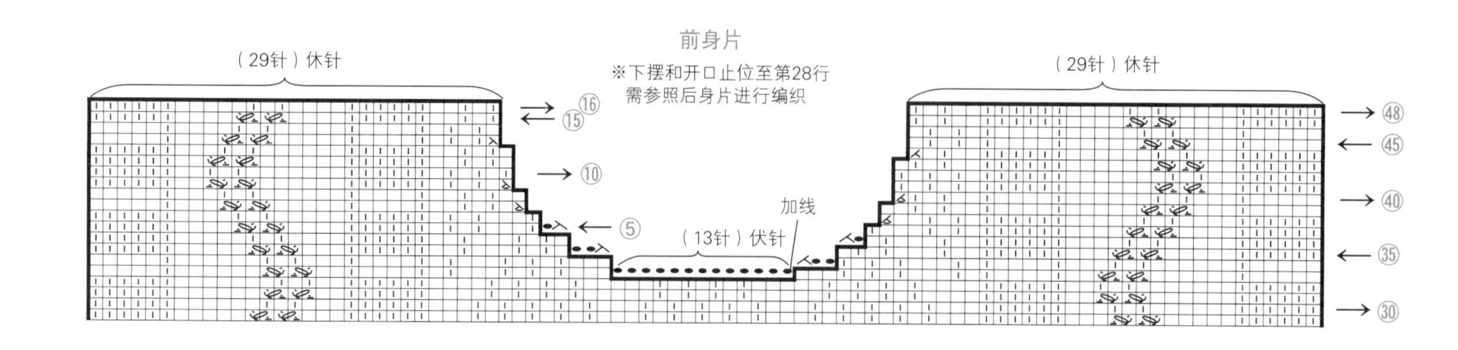

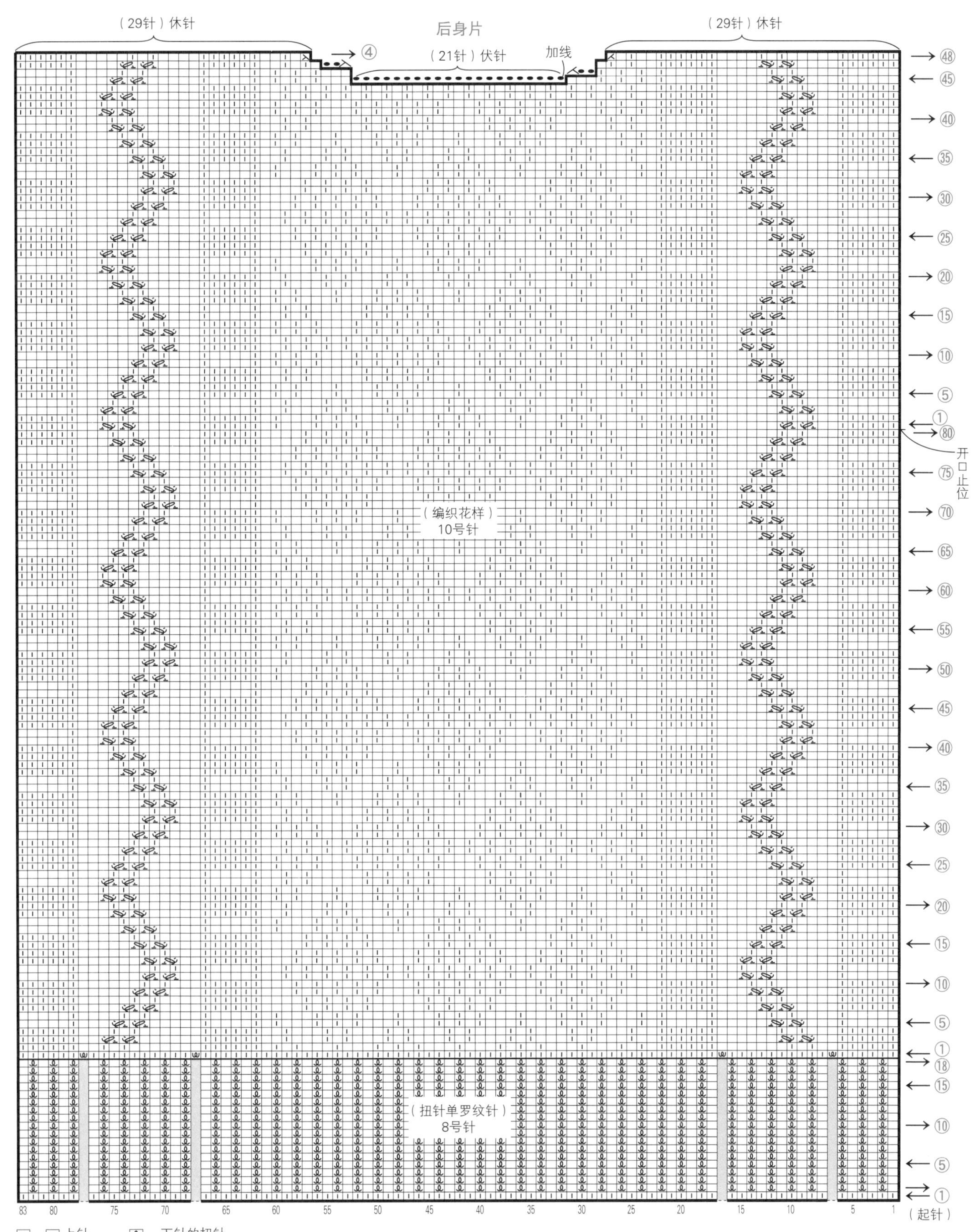

□=⊟ 上针　Ⓠ = 下针的扭针

▒ = 没有针目的部分　Ⓦ = 卷加针

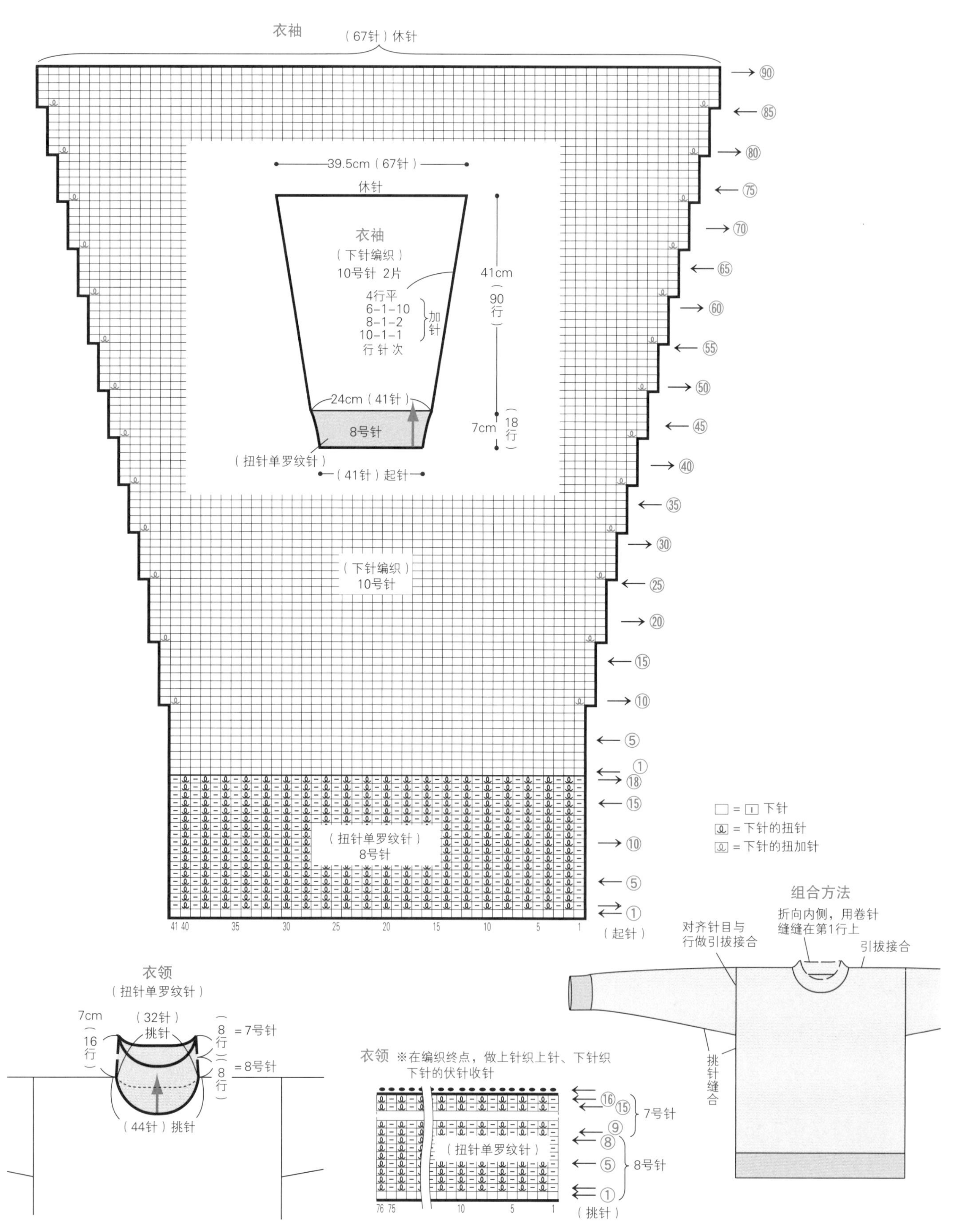

衣袖
（67针）休针
39.5cm（67针）
休针
衣袖
（下针编织）
10号针 2片
4行平
6-1-10
8-1-2
10-1-1
行 针 次
加针
41cm
（90行）
24cm（41针）
8号针
7cm
（18行）
（扭针单罗纹针）
（41针）起针
（下针编织）
10号针
（扭针单罗纹针）
8号针
（起针）
= 下针
= 下针的扭针
= 下针的扭加针
组合方法
折向内侧，用卷针缝缝在第1行上
对齐针目与行做引拔接合
引拔接合
挑针缝合
衣领
（扭针单罗纹针）
7cm
（16行）
（32针）挑针
（8行）=7号针
（8行）=8号针
（44针）挑针
衣领 ※在编织终点，做上针织上针、下针织下针的伏针收针
7号针
8号针
（扭针单罗纹针）
（挑针）

L 侧开衩马甲

图片：p.22

● 材料

Sonomono Alpaca Boucle / 灰色

（155）…255g

● 针

棒针10号

钩针（8/0号）

● 编织密度（10cm×10cm面积内）

上针编织13.5针，21行

● 成品尺寸

胸围 108cm，衣长62.5cm，肩背宽 54cm

● 编织方法

1 编织后身片

手指挂线起针，编织起伏针。然后一边两端各编织4针起伏针，一边做上针编织。

2 编织前身片

按照与后身片相同的方法编织。

3 编织系绳

用8/0号钩针编织4条系绳，将系绳缝合在指定位置上。

4 编织衣领

肩部做盖针接合。编织衣领时，从领窝上挑针70针，环形编织起伏针。

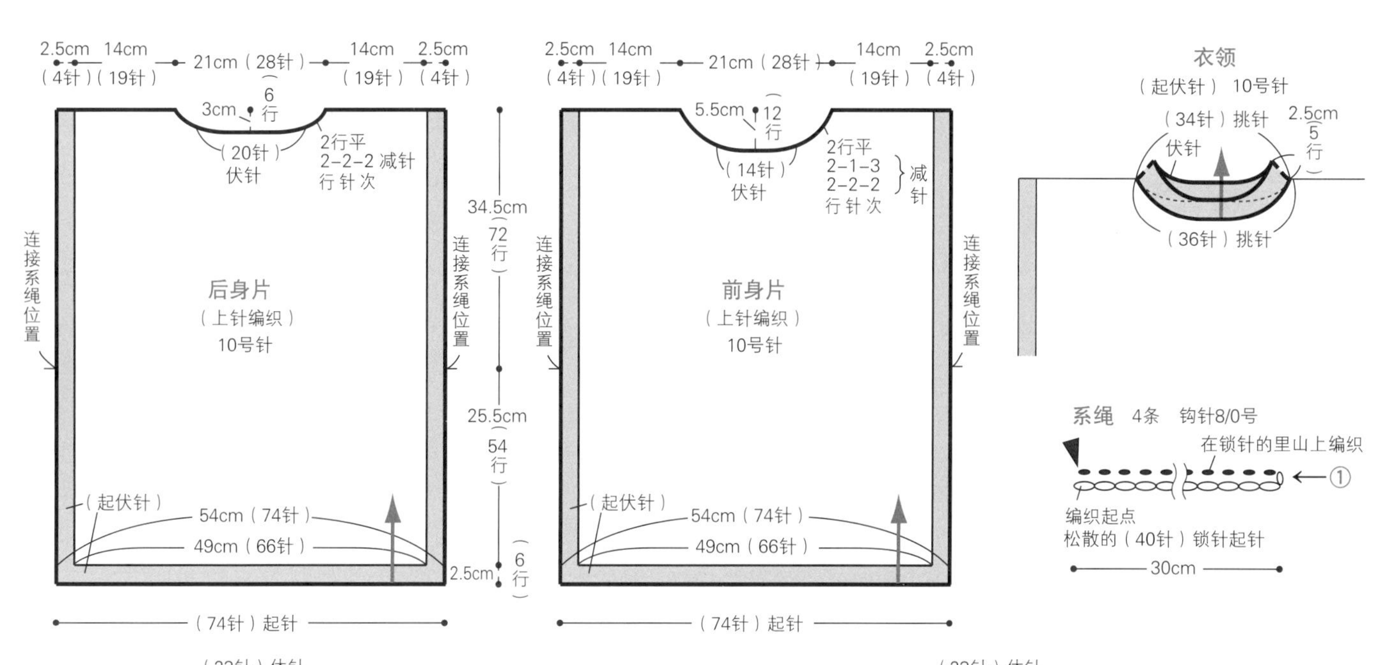

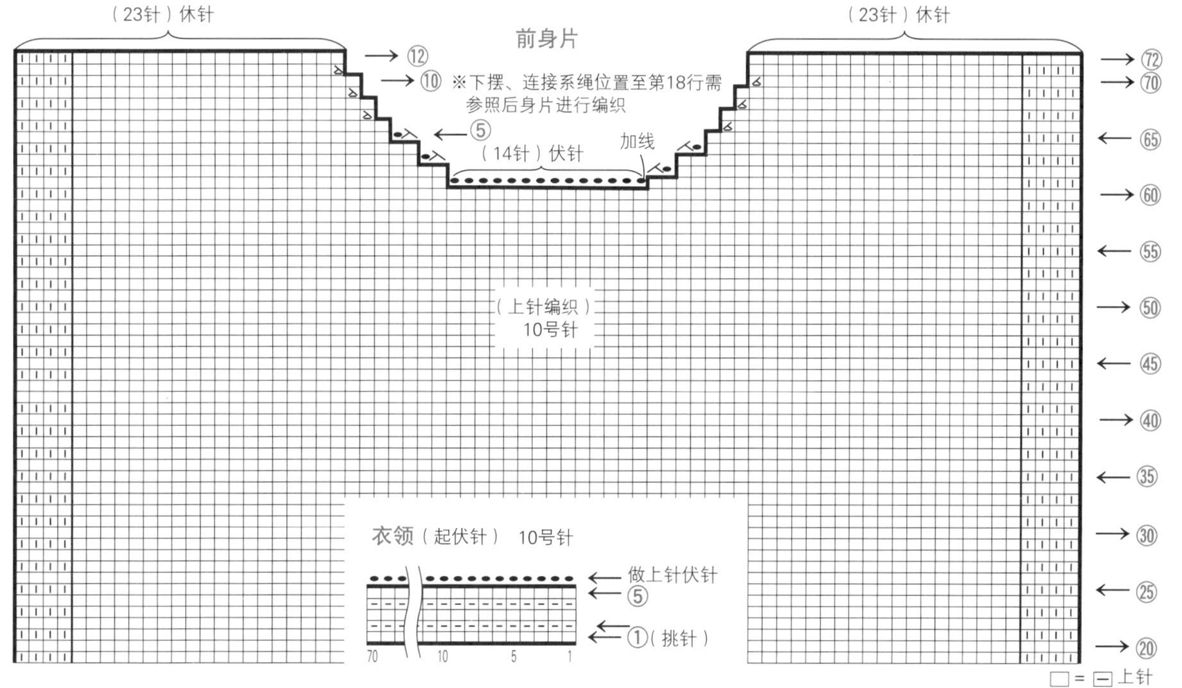

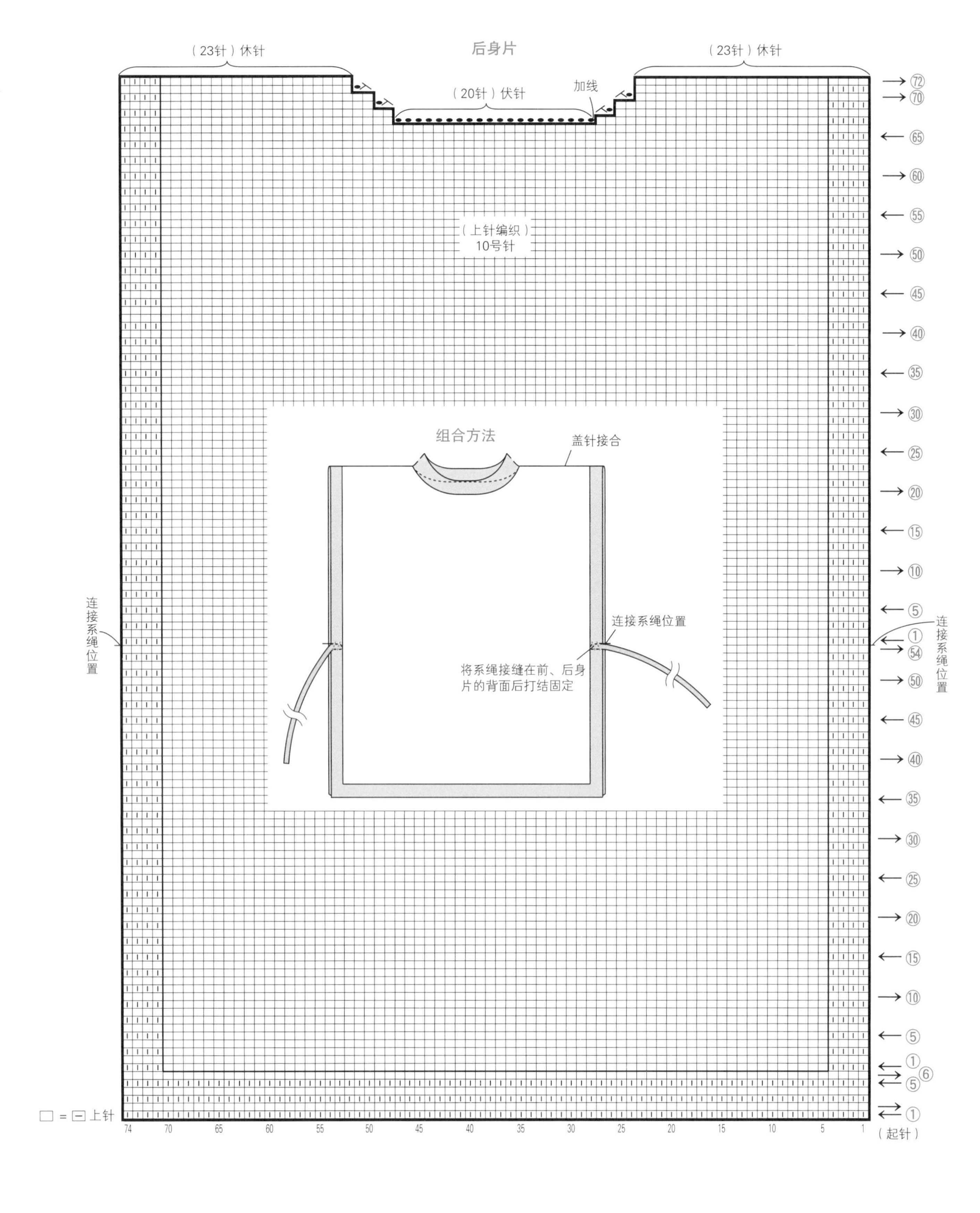

后身片
（23针）休针
（23针）休针
（20针）伏针
加线
（上针编织）
10号针
组合方法
盖针接合
连接系绳位置
将系绳接缝在前、后身片的背面后打结固定
连接系绳位置
连接系绳位置
□ = ⊟ 上针
（起针）
74
70
65
60
55
50
45
40
35
30
25
20
15
10
5
1

肩部有装饰花样的套头衫

图片：p.24

● 材料

Sonomono Tweed / 灰色（74）…215g

● 针

棒针5号

● 编织密度（10cm×10cm面积内）

下针编织21针，28行

编织花样31针，26行

● 成品尺寸

胸围 98cm，衣长48.5cm，总肩宽21.5cm

● 编织方法

1 编织后身片

另线锁针起针，做下针编织。解开另线锁针的起针，编织双罗纹针（参照p.31）。编织终点做双罗纹针收针。

2 编织前身片

按照与后身片相同的方法编织。

3 编织肩部

手指挂线起针，做编织花样。

4 组合方法

两肋和肩部分别做挑针缝合。

5 编织衣领、袖口

分别从身片、肩部挑针，环形编织双罗纹针。

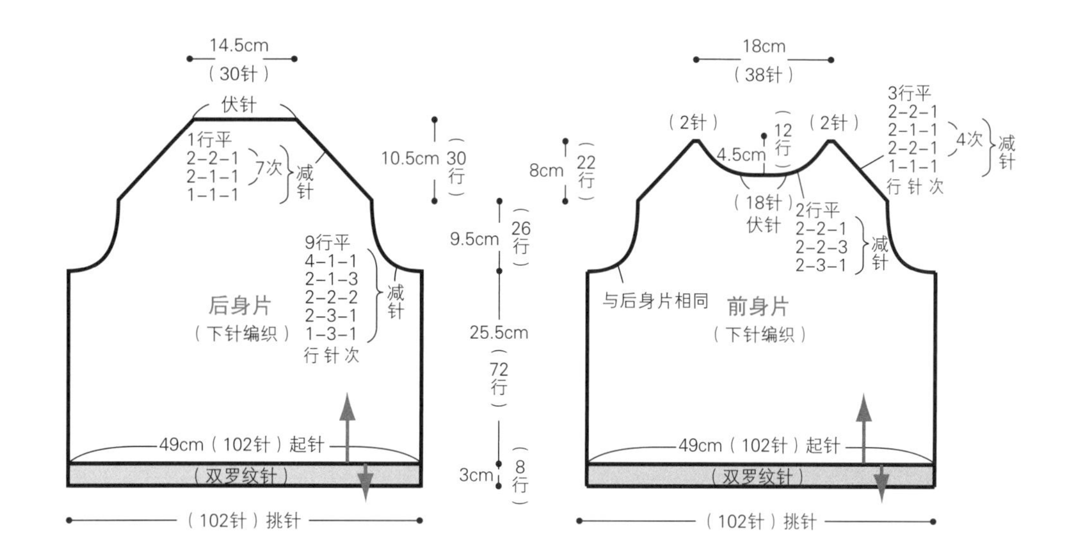

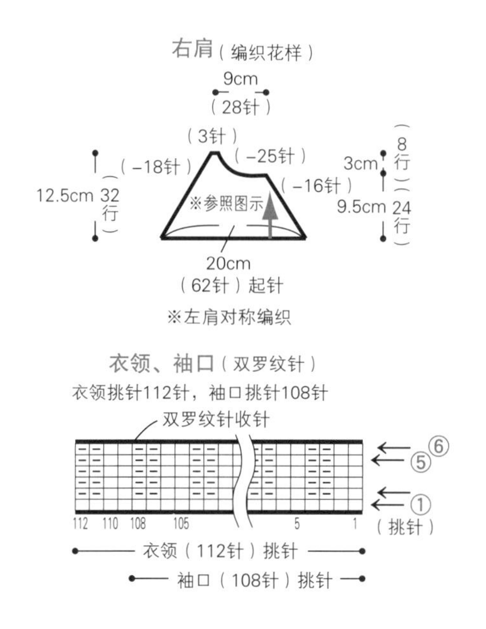

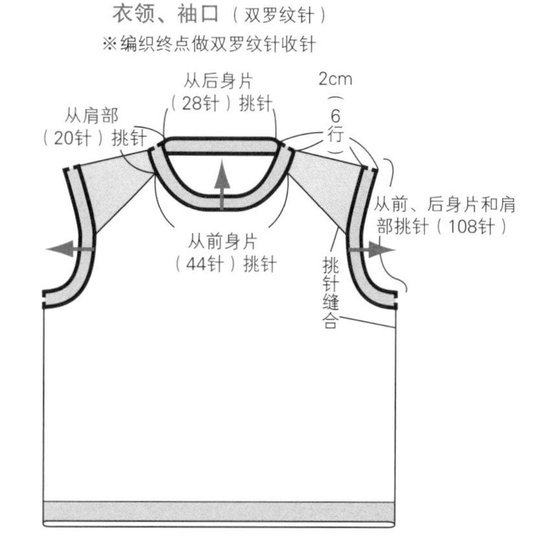

后身片

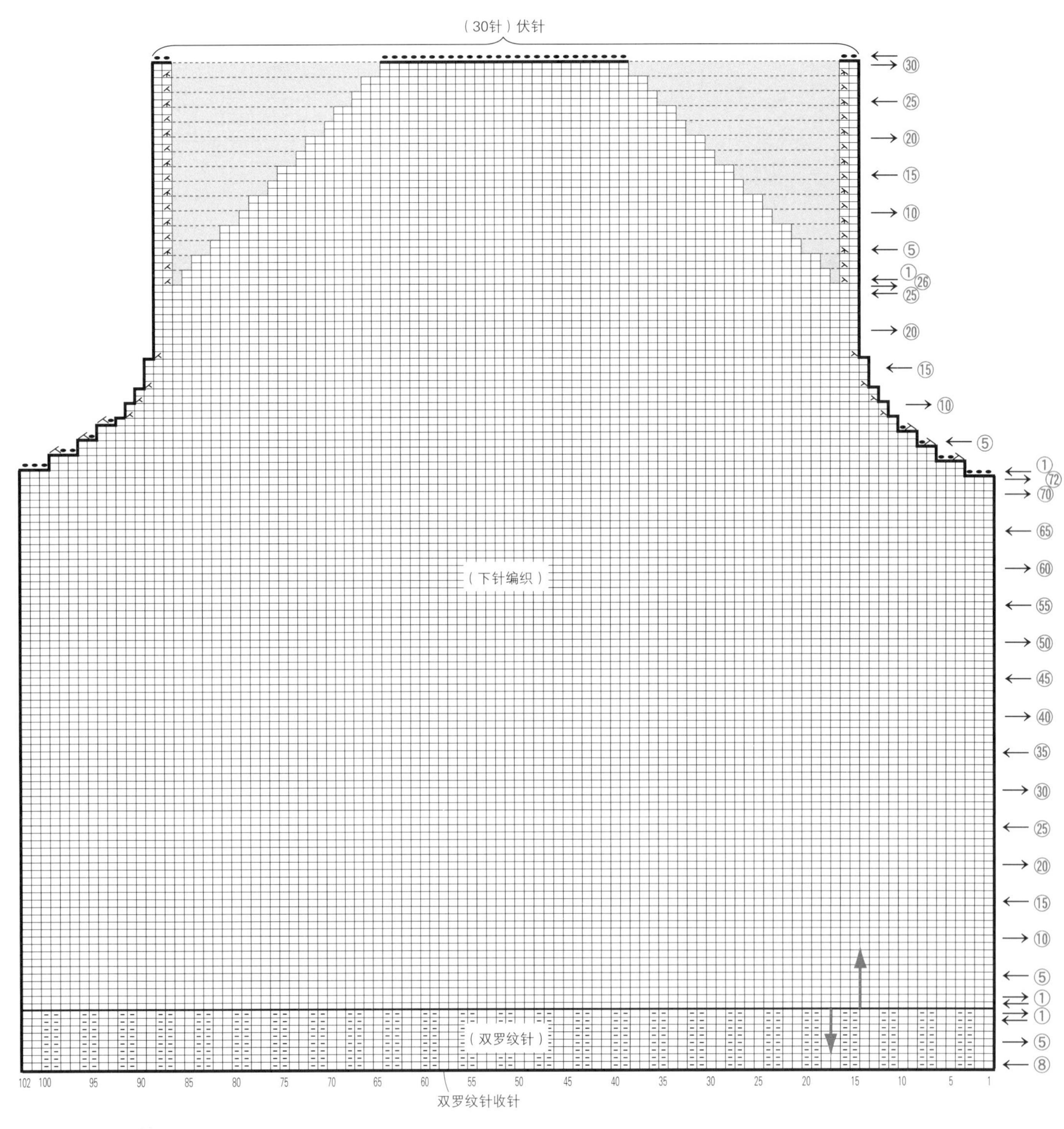

□ = ⊡ 下针

= 没有针目的部分

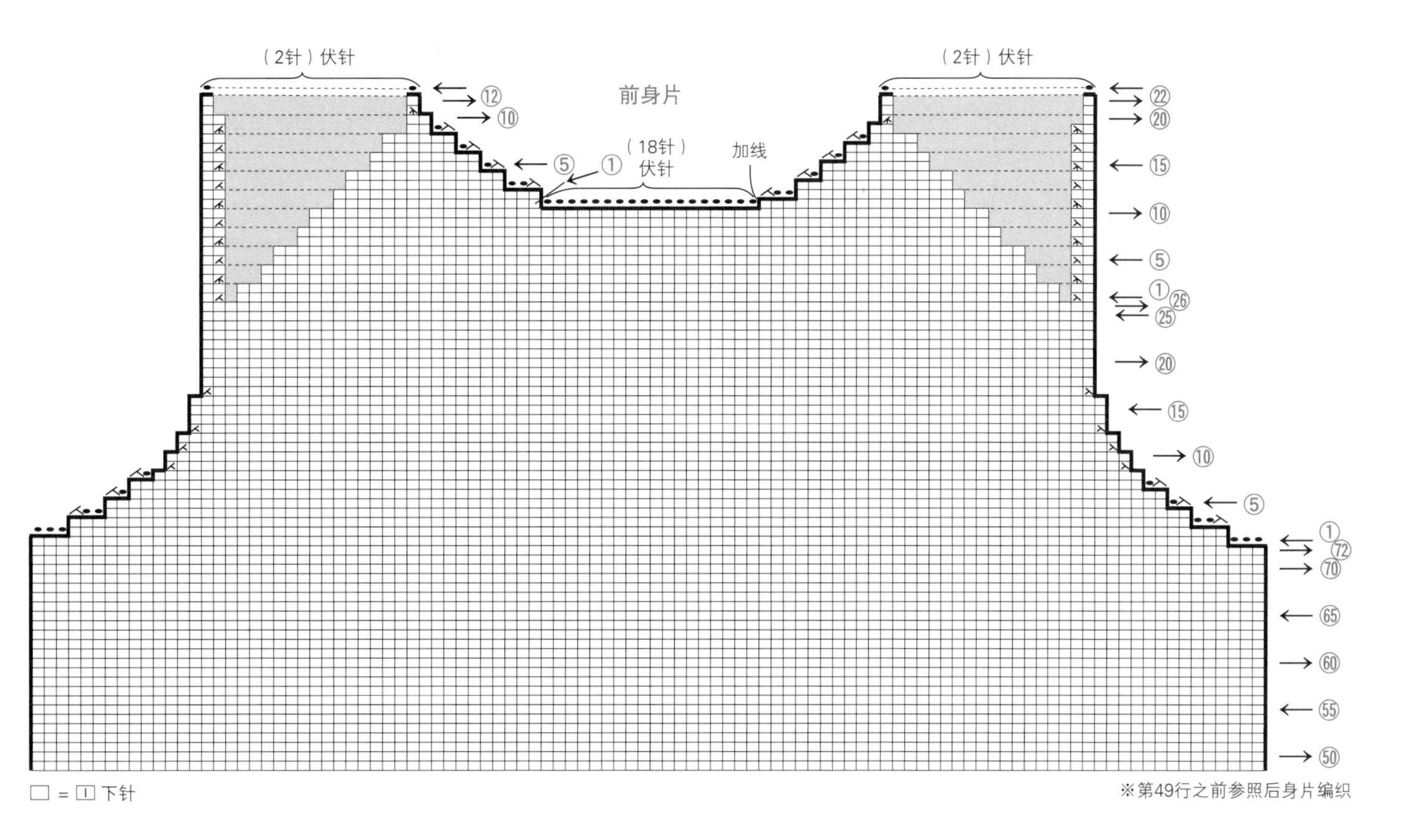

（2针）伏针
前身片
（18针）伏针
加线
□ = ⏐ 下针
※第49行之前参照后身片编织

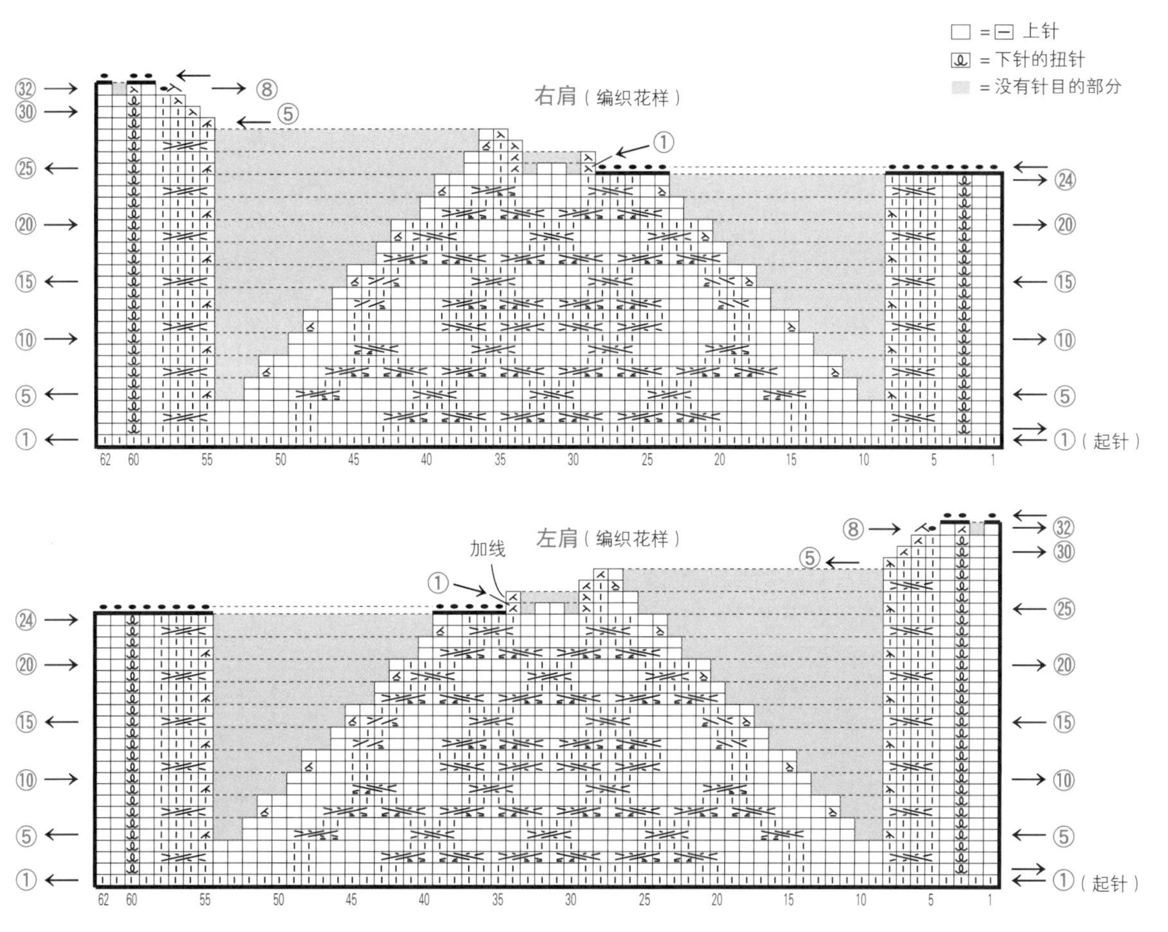

□ = ⊟ 上针
= 下针的扭针
= 没有针目的部分
右肩（编织花样）
（起针）
左肩（编织花样）
加线
（起针）

N 镂空花样的套头衫

图片：p.25

● 材料

Sonomono Alpaca Lily／灰色（114）…250g

● 针

棒针9号、12号

● 编织密度（10cm×10cm面积内）

编织花样、起伏针均为21.5针，29行

● 成品尺寸

胸围100cm，衣长49.5cm，肩背宽50cm

● 编织方法

1 编织后身片

手指挂线起针，按照单罗纹针、编织花样的顺序编织。从开口止位开始，两端各编织6针起伏针。

2 编织前身片

按照与后身片相同的方法编织。

3 编织衣领

肩部做盖针接合。编织衣领时，从领窝挑针104针，环形编织单罗纹针。

4 组合方法

两胁做挑针缝合。

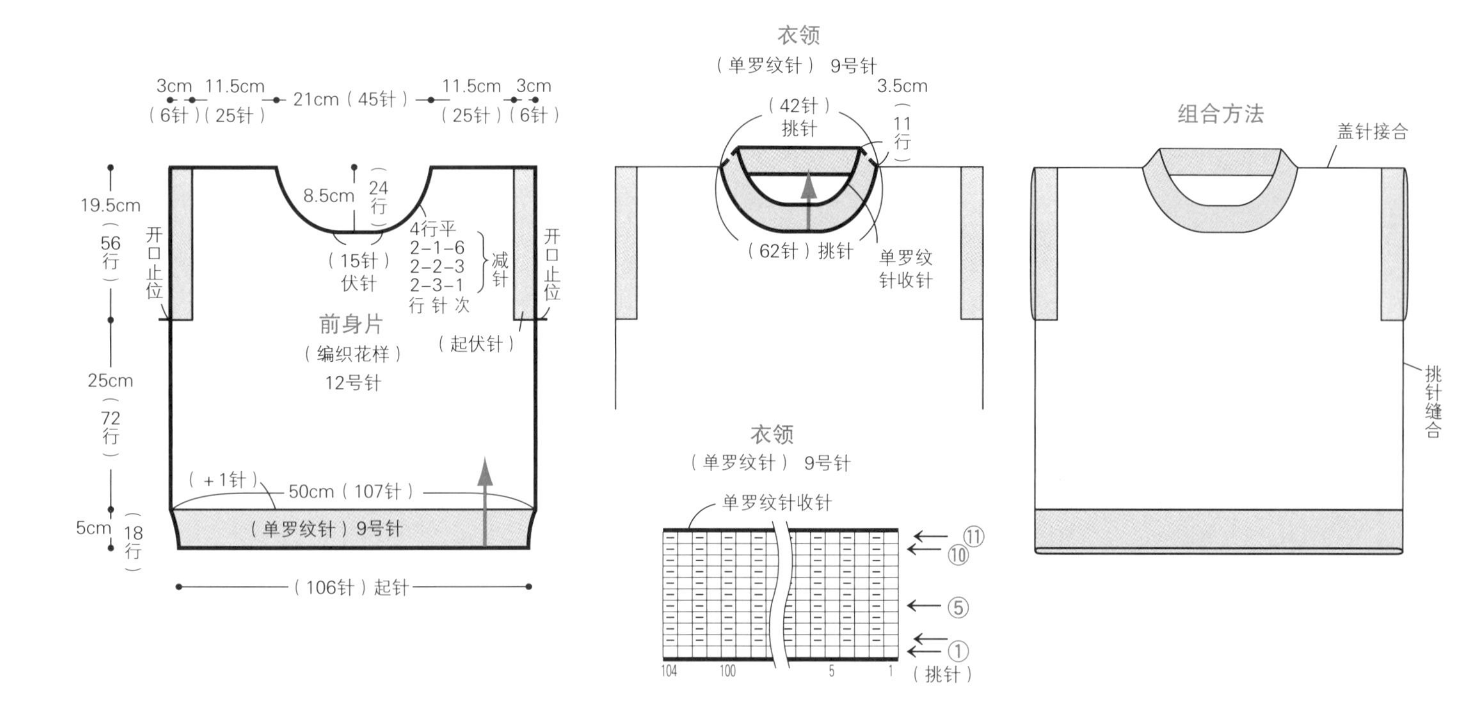

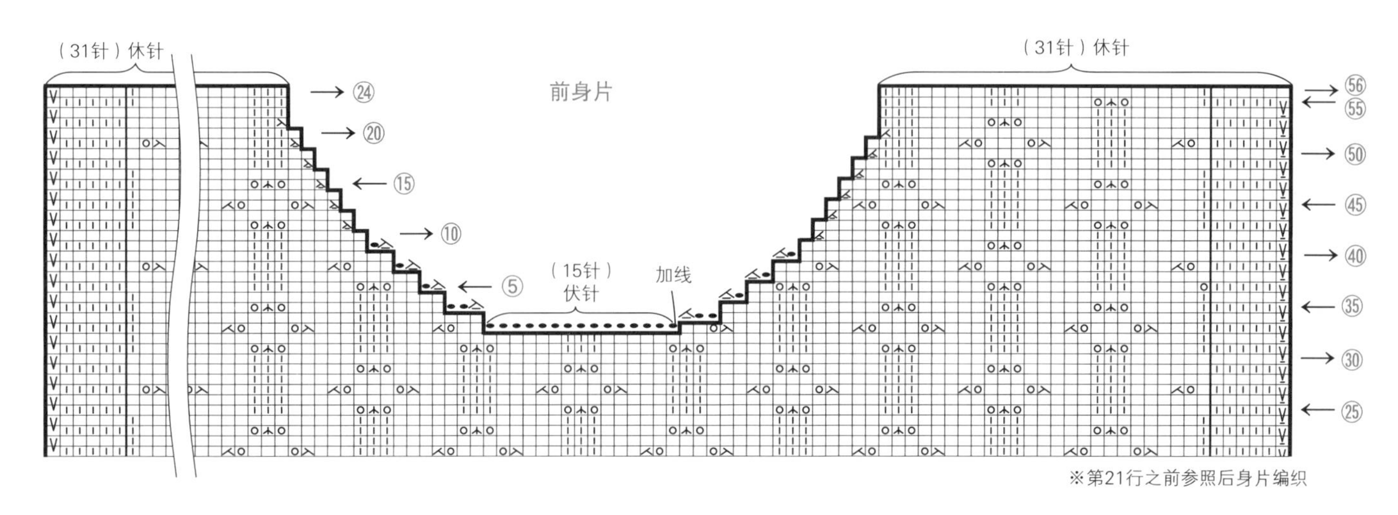

※第21行之前参照后身片编织

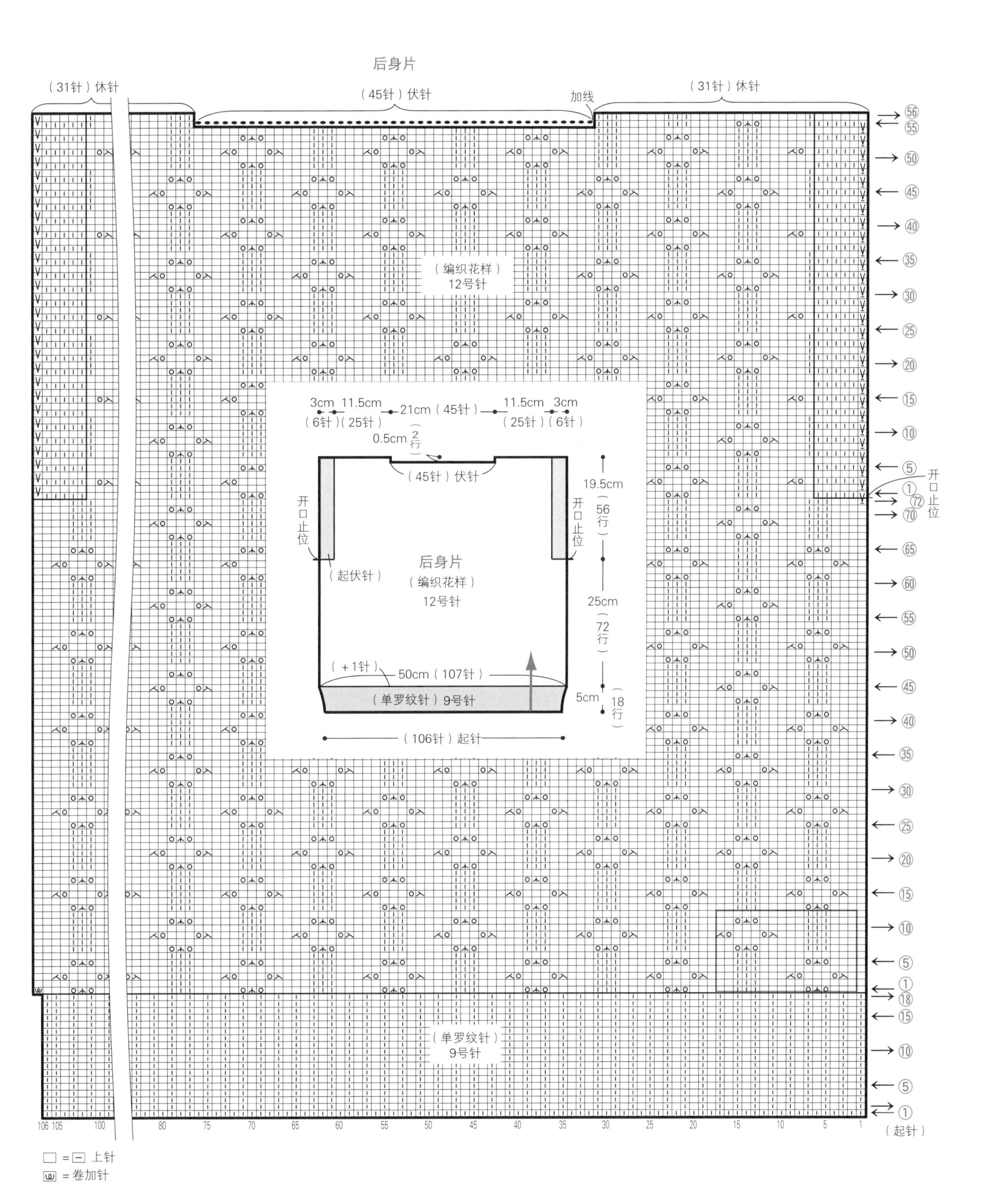

后身片
（31针）休针
（45针）伏针
加线
（31针）休针
（编织花样）
12号针
3cm 11.5cm 21cm（45针） 11.5cm 3cm
（6针）（25针） （25针）（6针）
0.5cm（2行）
（45针）伏针
开口止位
开口止位
19.5cm（56行）
后身片
（编织花样）
12号针
（起伏针）
25cm（72行）
（+1针）
50cm（107针）
（单罗纹针）9号针
5cm（18行）
（106针）起针
（单罗纹针）
9号针
开口止位
（起针）
□ = ⊟ 上针
ⓦ = 卷加针

O 肩袖有装饰的毛衣

图片：p.26

● 材料

Sonomono Alpaca Wool/灰色

（44）…540g

● 针

棒针12号

● 编织密度（10cm×10cm面积内）

编织花样15针，21.5行

● 成品尺寸

胸围 96cm，衣长57cm，

肩背宽 32cm，袖长57cm

● 编织方法

1 编织后身片

手指挂线起针，按照单罗纹针、编织花样的顺序编织。

2 编织前身片

按照与后身片相同的方法编织。

3 编织衣袖

手指挂线起针，编织单罗纹针。在编织花样的第1行做加针，然后一边做加、减针一边编织。编织相同的2片。

4 编织肩袖的装饰

从前、后身片共挑针70针，环形编织单罗纹针。

5 编织衣领

肩部做盖针接合。编织衣领时，从前、后身片上挑针62针，环形编织单罗纹针。

6 组合方法

两肋和袖下分别做挑针缝合。衣袖和身片用卷针缝缝合。将肩袖的装饰折回内侧，用卷针缝缝在第1行上。

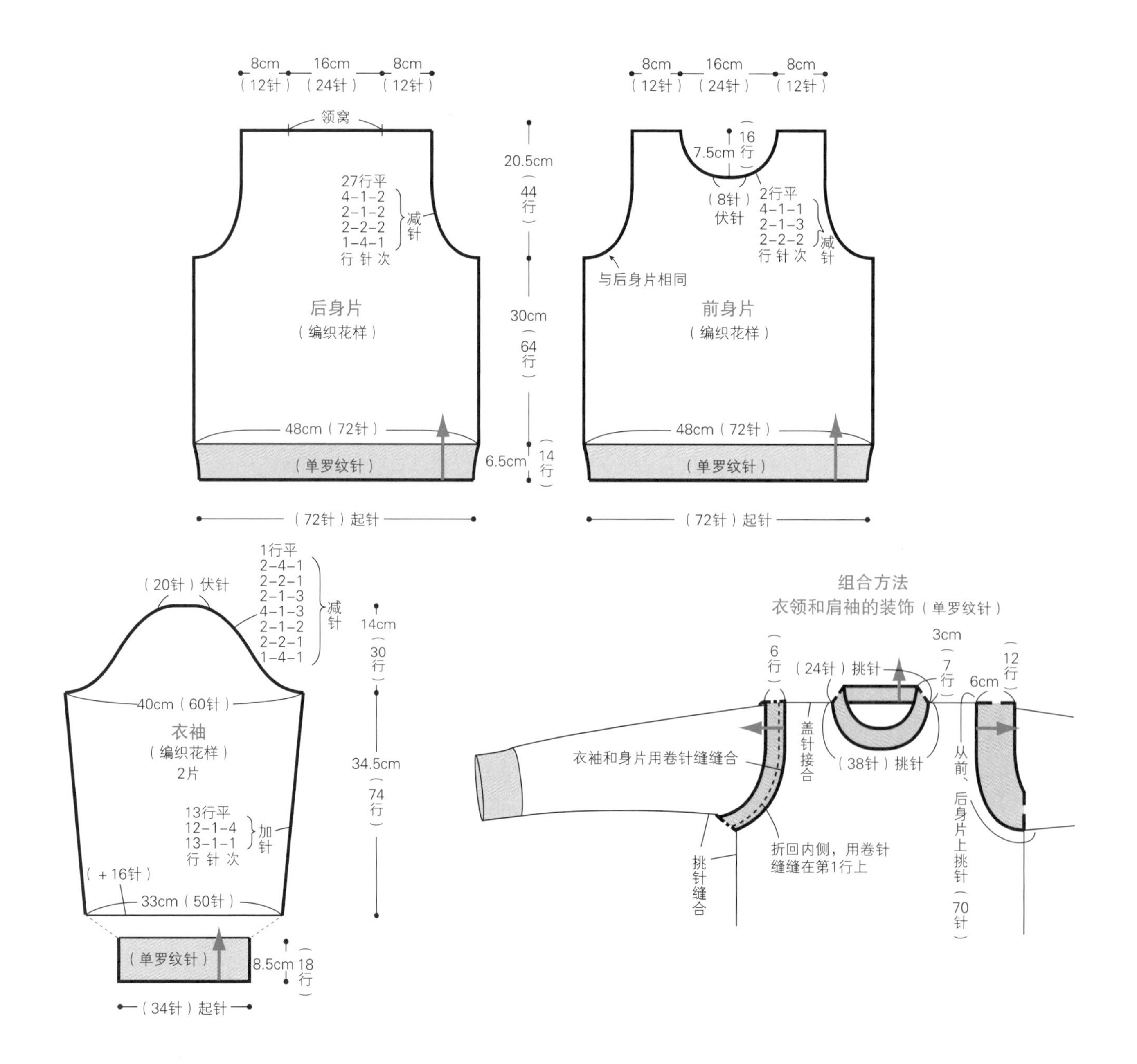

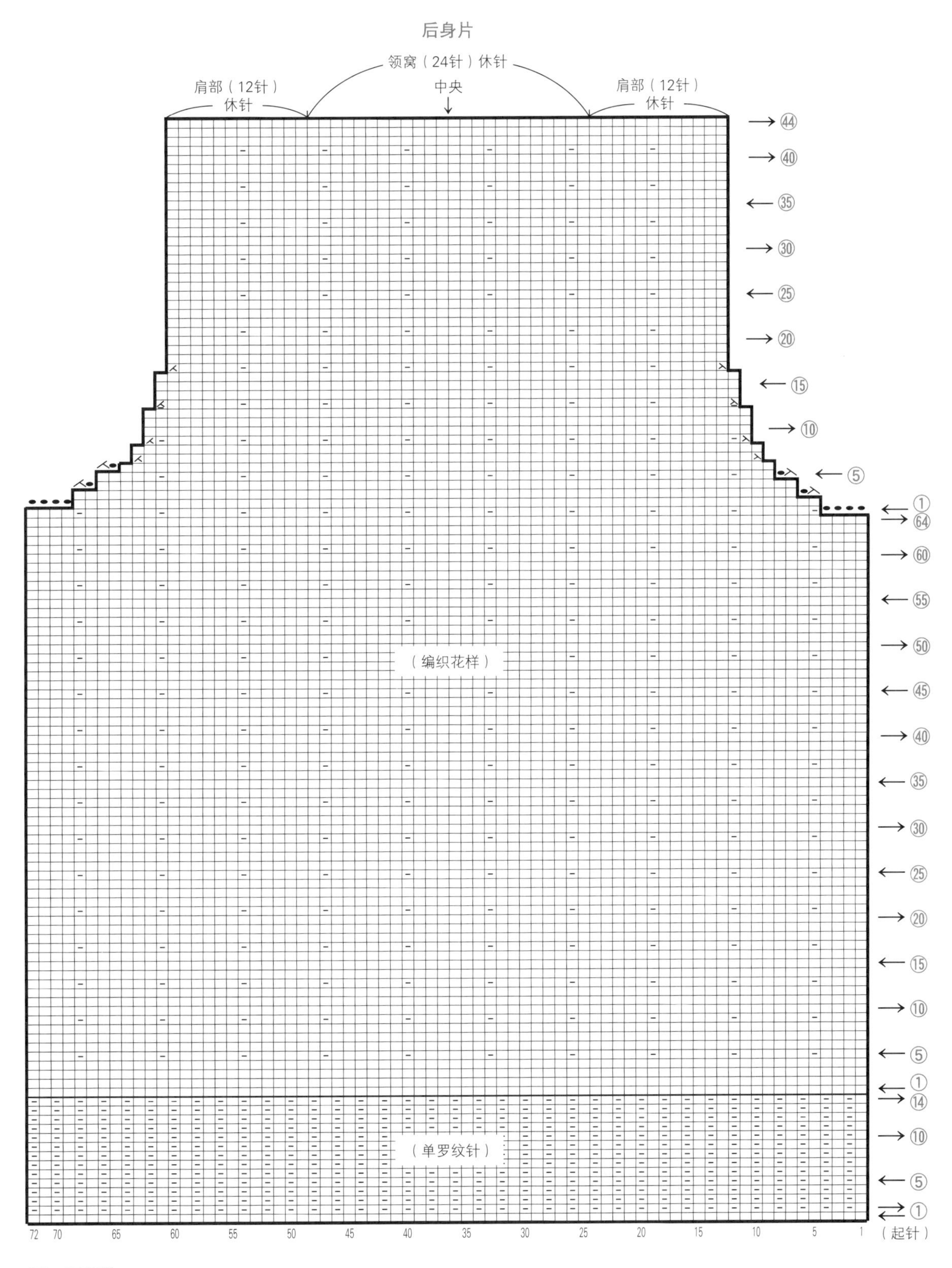
后身片
领窝（24针）休针
肩部（12针）
休针
中央
肩部（12针）
休针
（编织花样）
（单罗纹针）
（起针）
72 70 65 60 55 50 45 40 35 30 25 20 15 10 5 1
□ = □ 下针

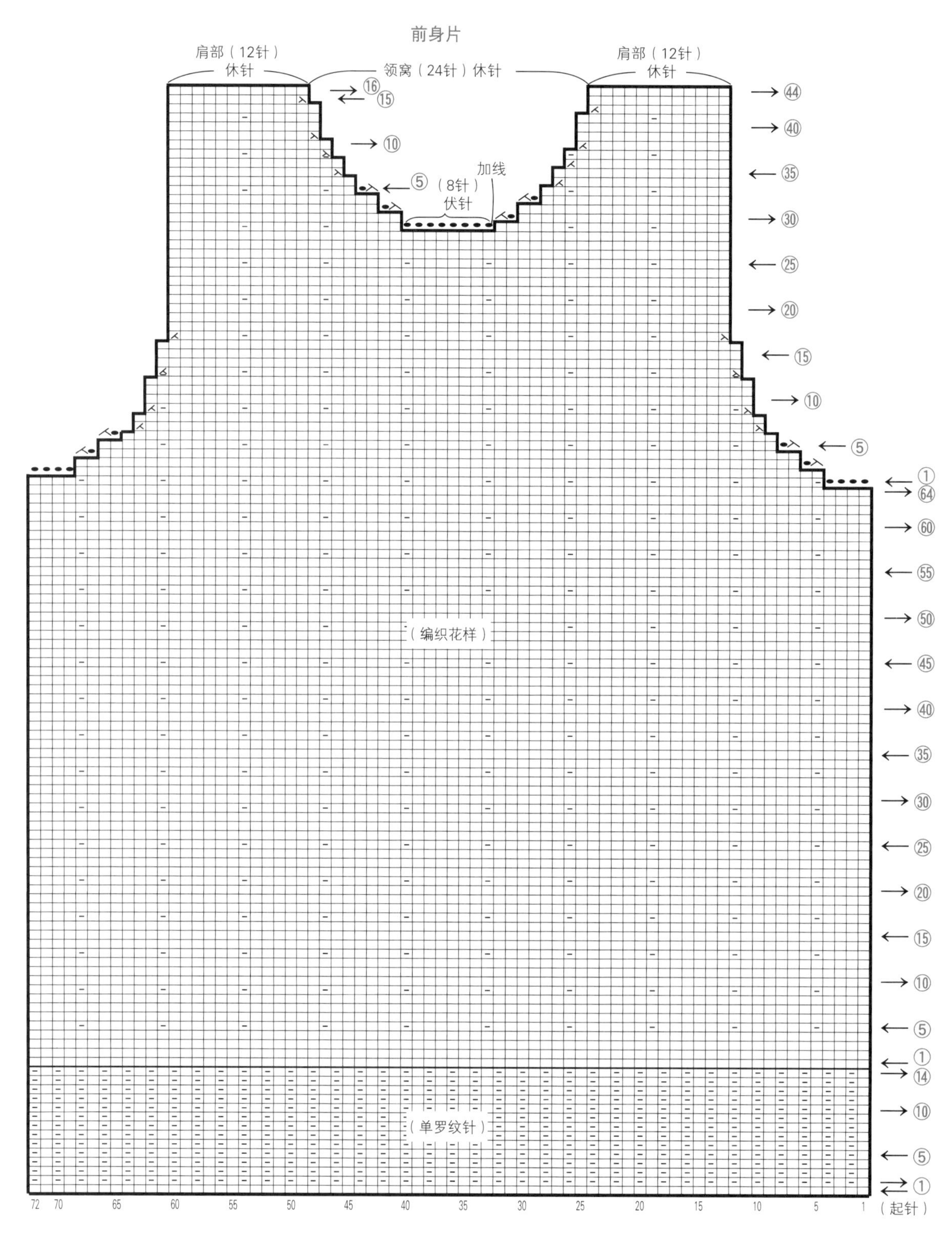
前身片
肩部（12针）
休针
领窝（24针）休针
肩部（12针）
休针
⑯
⑮
⑩
⑤
（8针）
伏针
加线
㊹
㊵
㉟
㉚
㉕
⑳
⑮
⑩
⑤
①
64
60
55
50
45
40
35
30
25
20
15
10
5
1
14
10
5
1
（编织花样）
（单罗纹针）
72
70
65
60
55
50
45
40
35
30
25
20
15
10
5
1
（起针）
= 下针

衣领（单罗纹针）

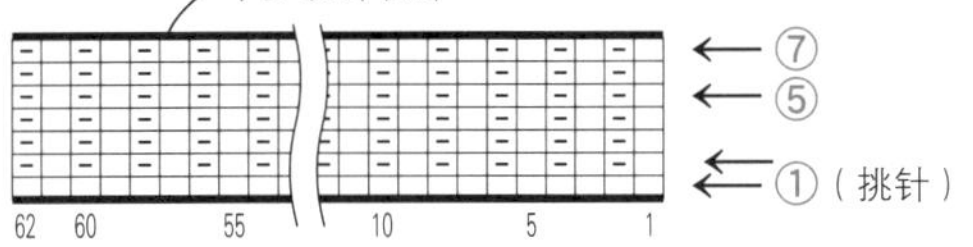

单罗纹针收针

①（挑针）

肩袖的装饰（单罗纹针）

※在编织终点，做上针织上针、下针织下针的伏针收针

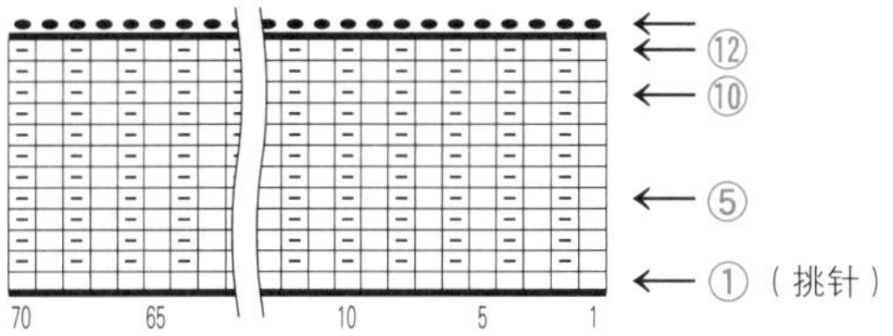

①（挑针）

衣袖

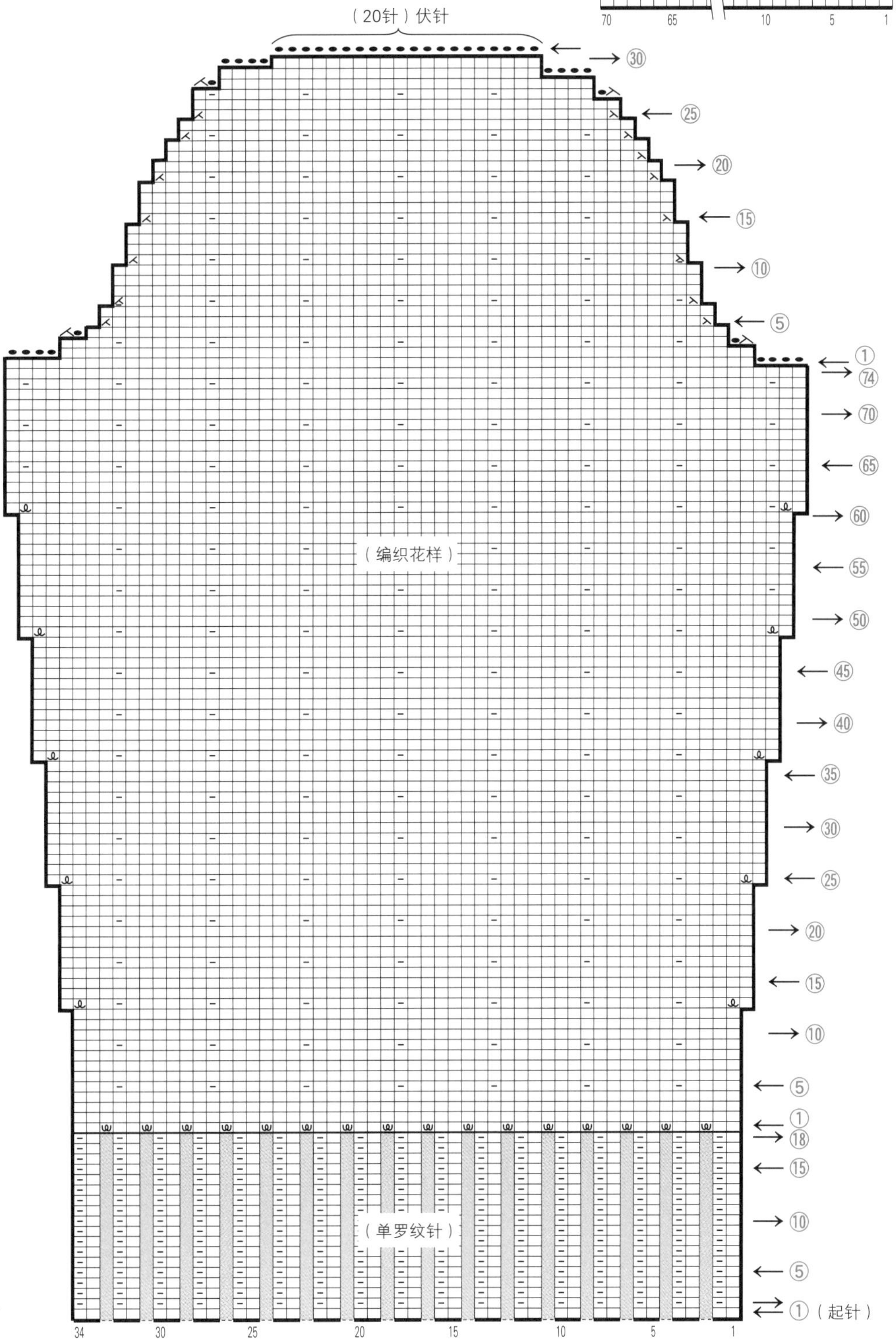

（20针）伏针

（编织花样）

（单罗纹针）

①（起针）

□ = ⊟ 下针

⊡ = 下针的扭加针

⊡ = 卷加针

▒ = 没有针目的部分

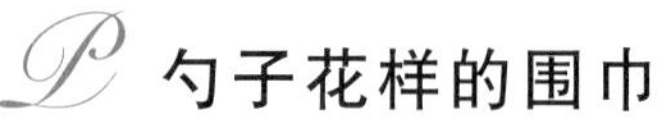

勺子花样的围巾

图片：p.28

● 材料

Sonomono Gran / 浅灰色（164）…290g

● 针

棒针8mm

● 编织密度（10cm×10cm面积内）

编织花样21针，17行

● 成品尺寸

宽15cm，长155cm

● 编织方法

手指挂线起针，编织264行编织花样。在编织终点，做上针织上针、下针织下针的伏针收针。

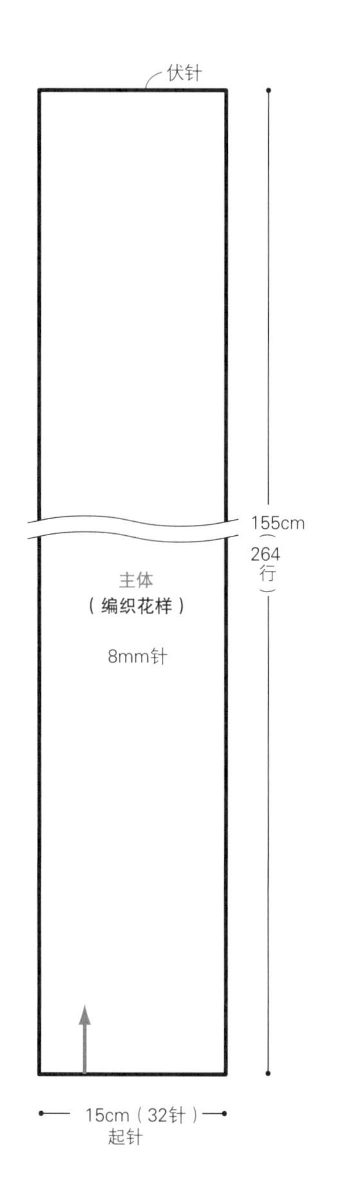

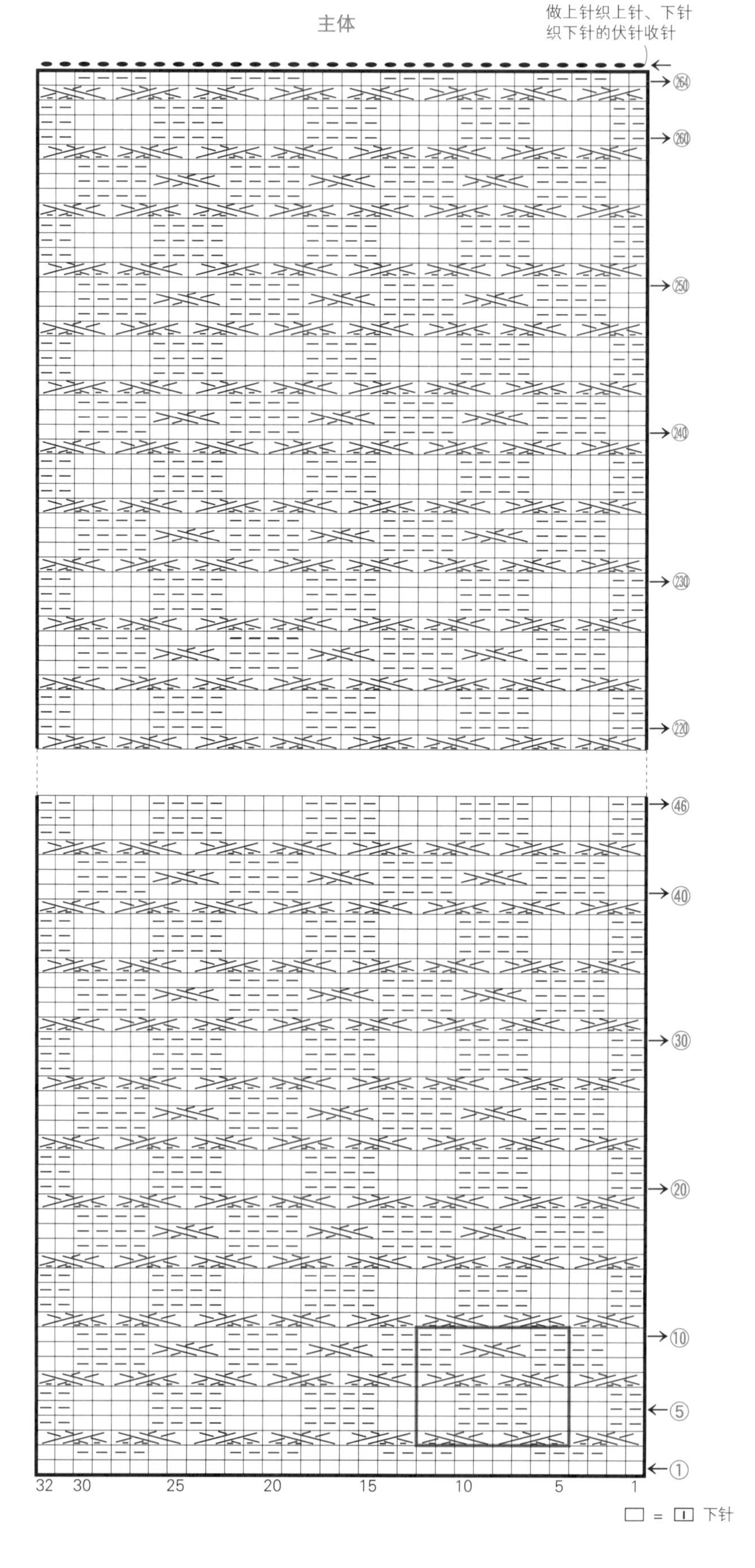

𝒬、ℛ 配色花样的帽子

图片：p.29
重点教程：p.35

● 材料

Sonomono Gran

𝒬 米白色（161）…45g，浅驼色（162）…45g

ℛ 米白色（161）…45g，灰色（164）…45g

● 针

环形针40cm（15号、8mm）

● 编织密度（10cm×10cm面积内）

配色花样14.5针，14行

● 成品尺寸

帽围50cm，帽深22cm

● 编织方法

1 编织主体

手指挂线起针，编织双罗纹针。继续在配色花样的第1行加针，然后一边在中途减针，一边编织24行配色花样。将线穿过最后一行剩余的针目后拉紧。

2 组合方法

制作绒球，缝合在帽顶。

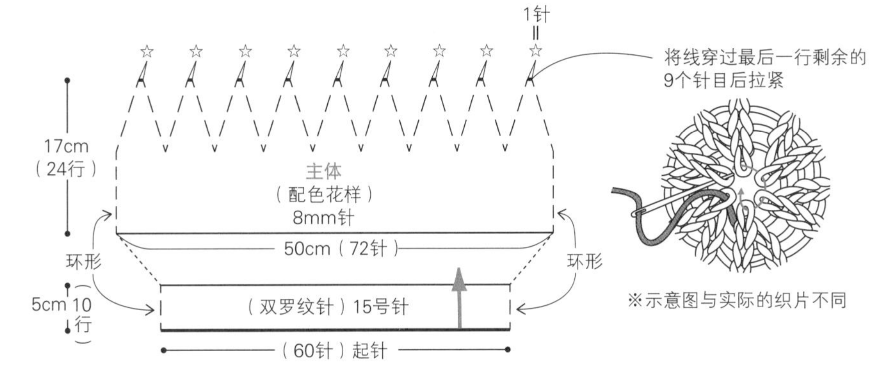

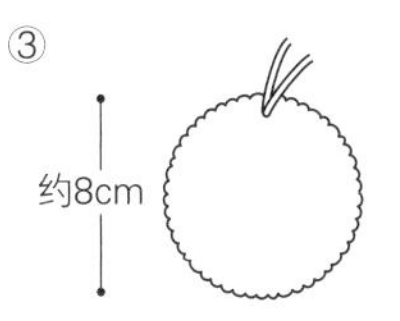

※示意图与实际的织片不同

绒球的制作方法

①

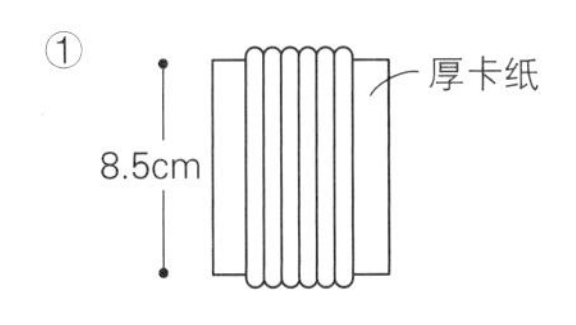

𝒬 需准备米白色线和浅驼色线各1根
ℛ 需准备米白色线和灰色线各1根
2根线对齐后分别在8.5cm宽的厚卡纸上绕30圈。

②

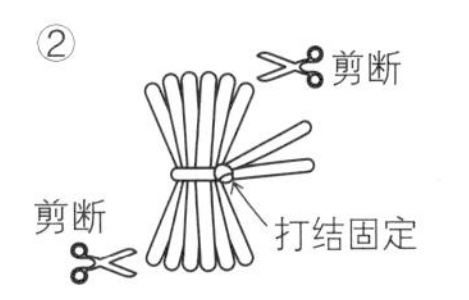

从厚卡纸上取下，在中央部分绕线2圈，拉紧后打结固定。用剪刀剪开两端的环状部分。

③

约8cm

用剪刀修整形状，剪成直径约8cm的绒球。

组合方法

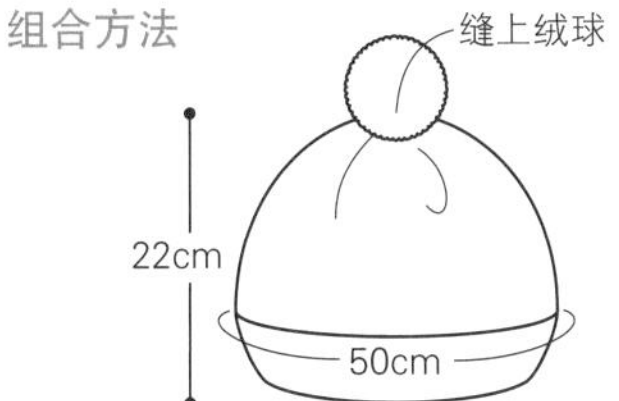

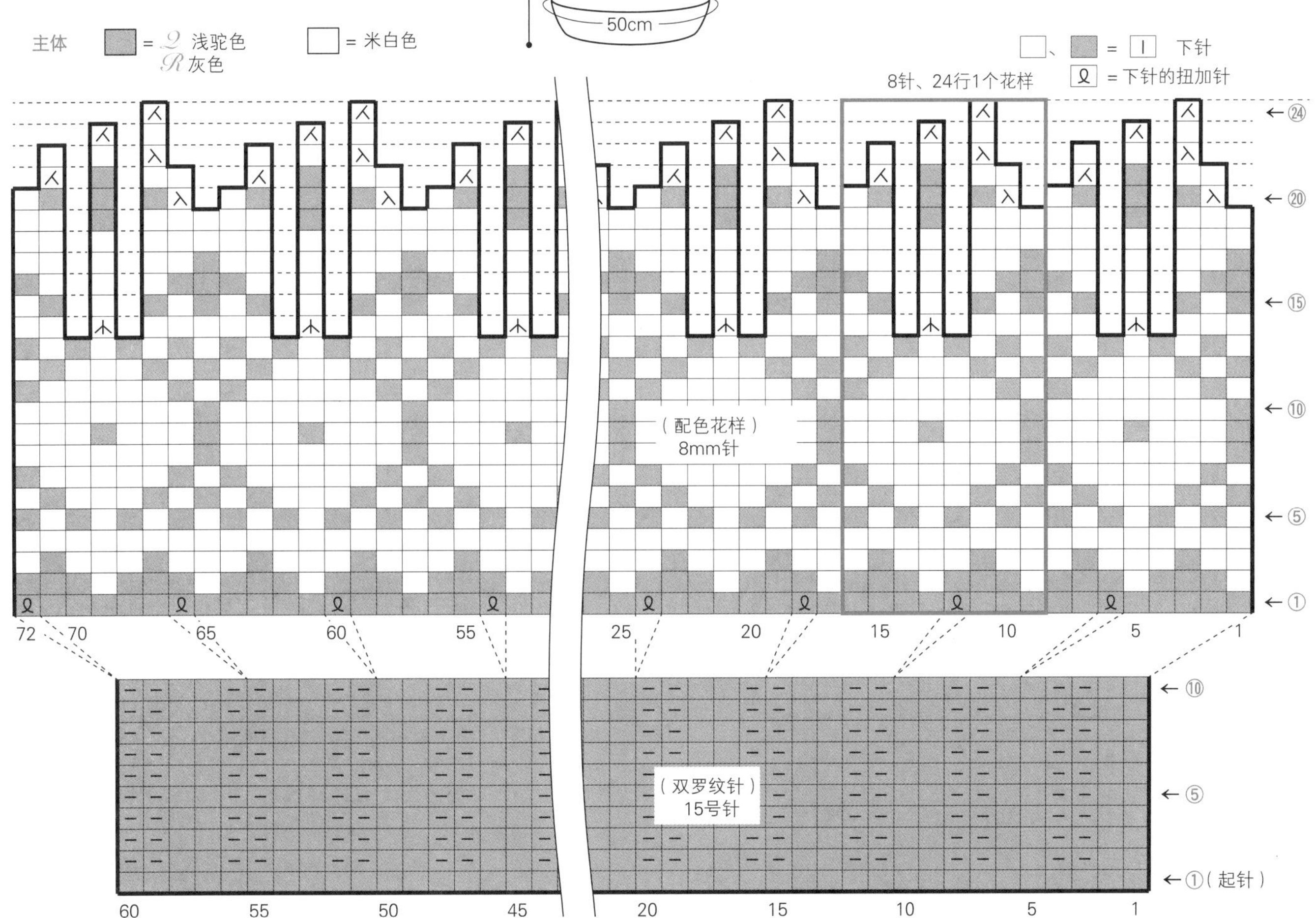

棒针编织的基础

编织图的看法

编织图均为从正面看到的样子。在棒针的平针编织中，箭头为←的一行需看着正面编织，从右向左看编织图，按照编织图编织。箭头为→的一行需看着织片的反面，按照编织图从左向右的顺序编织，但需要操作与针法符号相反的编织方法（例如，在编织图中，下针处需编织上针，上针处需编织下针。下针的扭针需编织上针的扭针）。在本书中，起针为第 1 行。

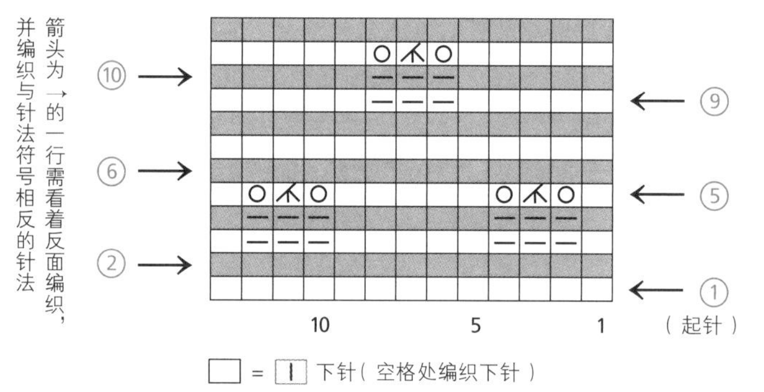

最初的针目的制作方法

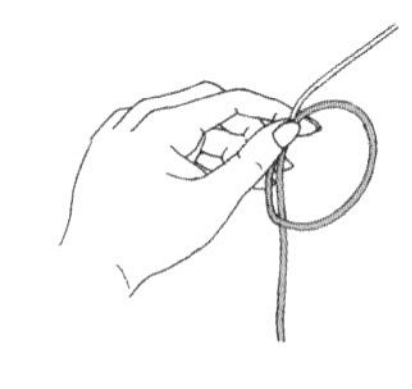

1
在距离线头约 3 倍成品长度的位置，用线做出圆环。

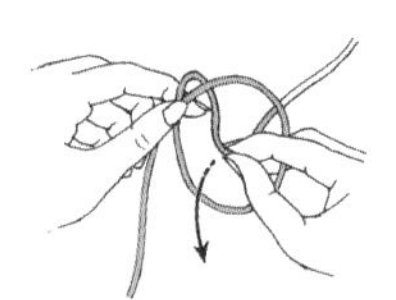

2
将右手的拇指和食指伸入圆环中，将线拉出，做成线圈。

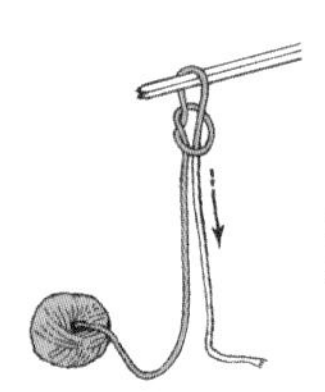

3
在拉出的线圈中穿入 2 根棒针，拉动线头一侧，拉紧打结。这就是最初的 1 针。

手指挂线起针

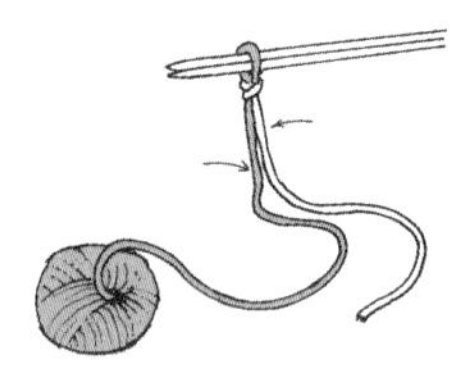

1
最初的 1 针做好后，将线团一侧挂在左手食指上，将线头一侧挂在拇指上。

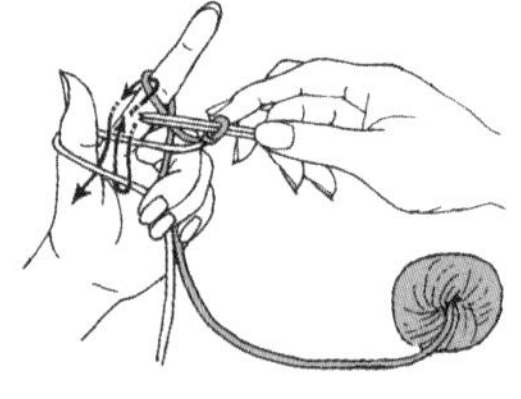

2
将右手的棒针按照箭头方向移动，将线挂在针尖上。

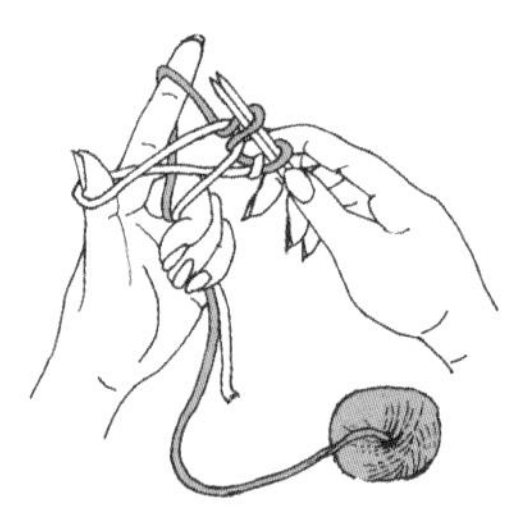

3
小心取下挂在左手拇指上的线。

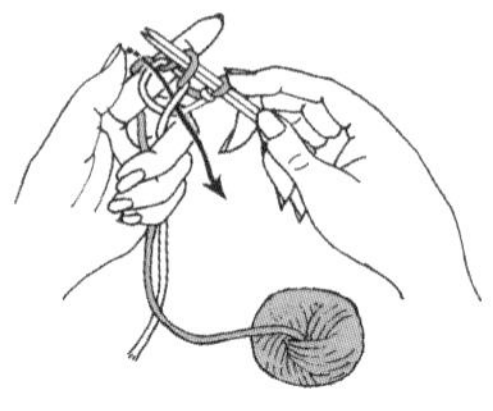

4
按照箭头方向伸入左手拇指并挂线，向外侧拉紧。

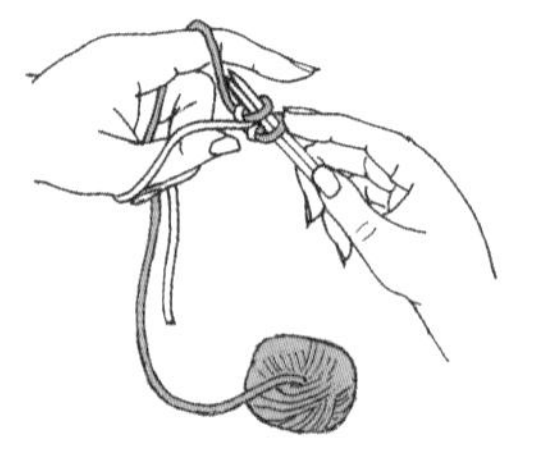

5
第 2 针完成。从第 3 针开始，按照步骤 2~4 的要领编织下去。

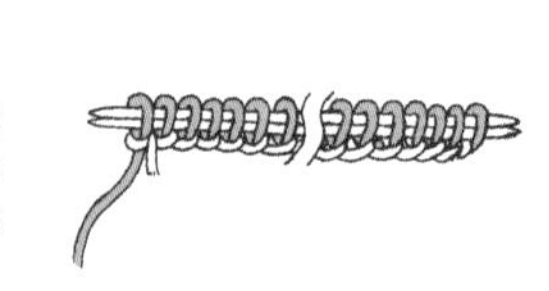

6
起针（第 1 行）编织好了的样子。抽出 1 根棒针，然后用这根棒针继续编织。

另线锁针的起针

※ 步骤 1 至 4 需参照 p.95“最初的针目的制作方法”

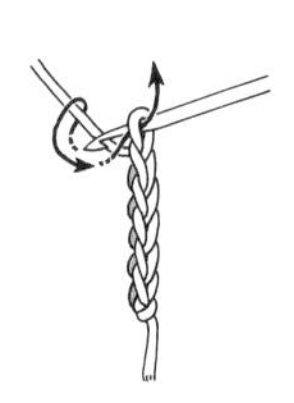

5
用另线编织多于所需针目的锁针。

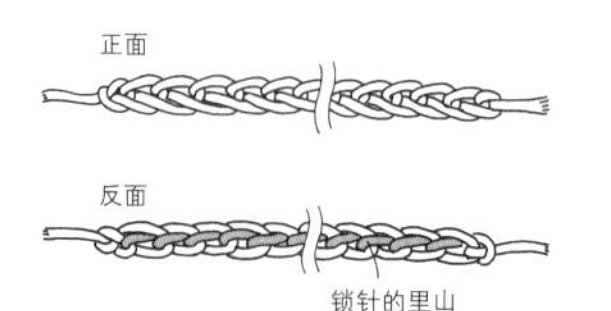

6
编织结束后，将线拉紧，剪断线头。

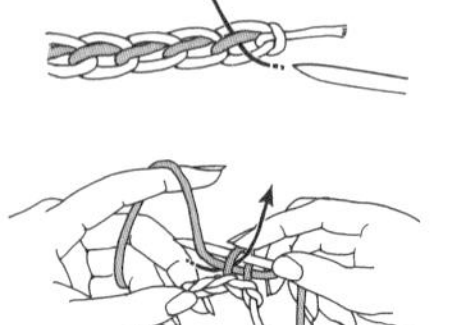

7
将棒针插入锁针反面的里山中，挂线后拉出。

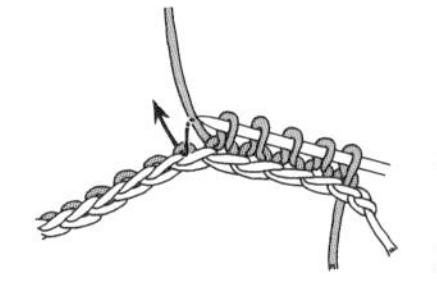

8
将棒针插入下一针的里山中，重复步骤 7 的操作。

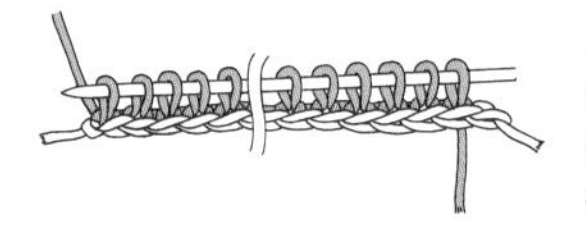

9
挑起所需针数进行编织。这就是第 1 行。

编织针法及符号

下针

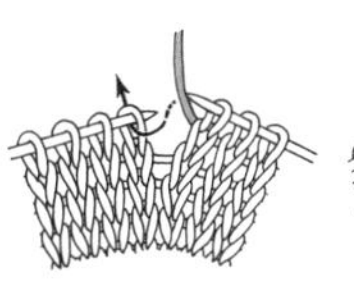

1 将线放在外侧，将右棒针从内侧插入。

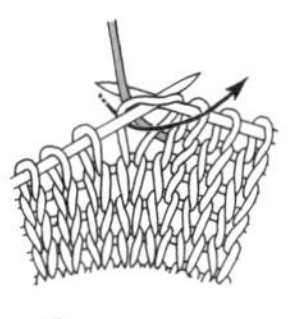

2 将线挂在右棒针上，按照箭头方向拉出。

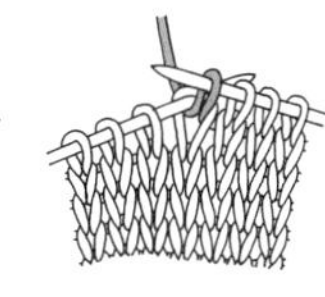

3 用右棒针将线拉出后，抽出左棒针。

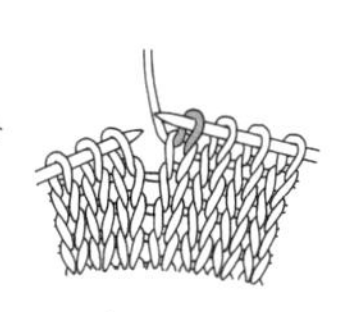

4 下针完成。

上针

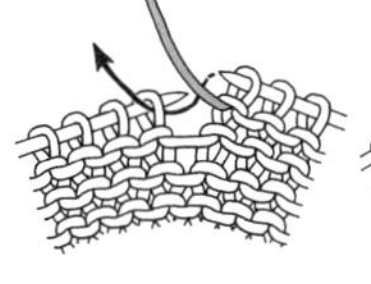

1 将线放在内侧，将右棒针从外侧插入。

2 如图所示挂线，按照箭头方向将线拉出。

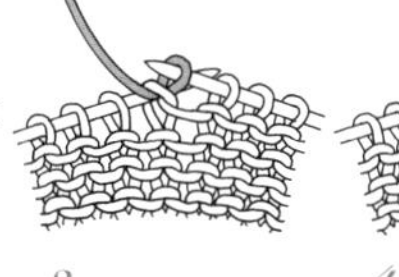

3 用右棒针将线拉出后，抽出左棒针。

4 上针完成。

挂针

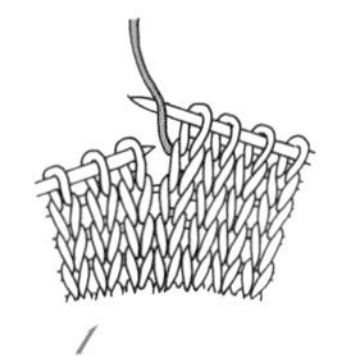

1 将线放在内侧。

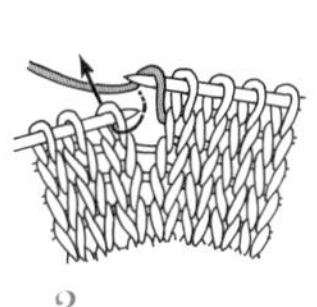

2 如图所示从内侧将线挂在右棒针上，按照箭头方向将右棒针插入下一个针目中编织。

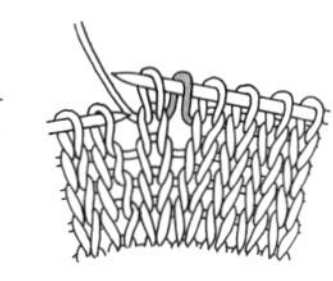

3 编织好1针挂针、1针下针的样子。

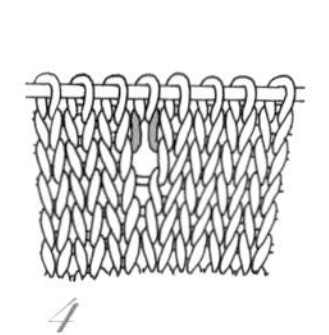

4 编织好下一行的样子。挂针的地方出现1个洞，形成了1针加针。

中上3针并1针

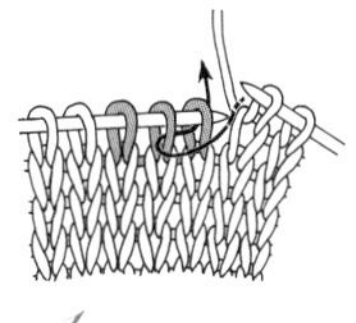

1 按照箭头方向，在左棒针的2个针目中入针，不编织，移至右棒针上。

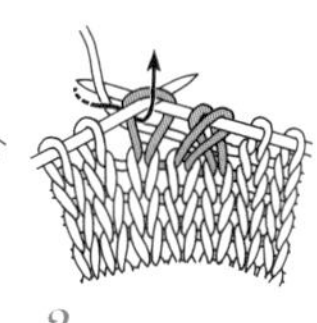

2 在第3个针目中入针后挂线，编织下针。

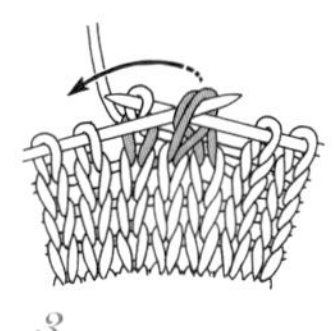

3 将左棒针插入步骤1中移至右棒针的2个针目中，按照箭头方向，盖在左侧的1个针目上。

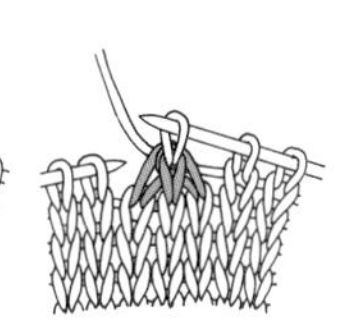

4 中上3针并1针完成。

右上2针并1针

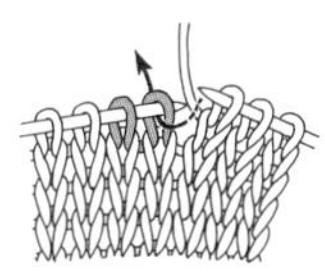

1 按照箭头方向，将右棒针从内侧入针，不编织，移至右棒针上，改变针目的方向。

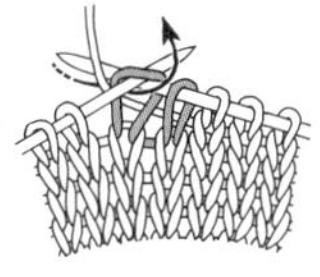

2 在左棒针的针目中插入右棒针，挂线后编织下针。

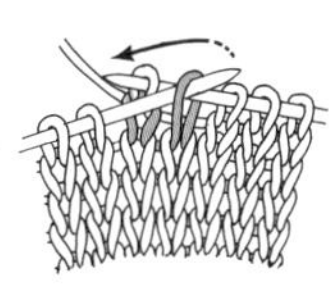

3 将左棒针插入步骤1中移至右棒针的针目中，按照箭头方向，盖在左侧针目上。

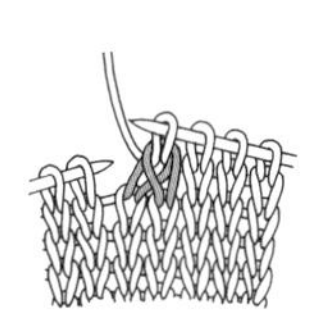

4 右上2针并1针完成。

左上2针并1针

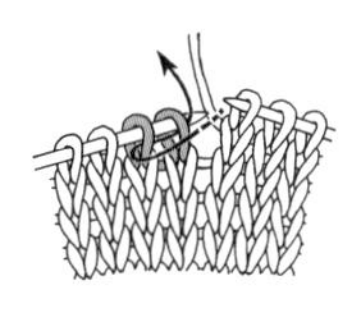

1 按照箭头方向，从2个针目的左侧一次性入针。

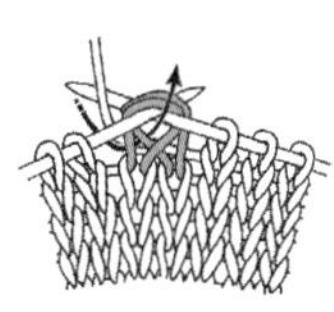

2 按照箭头方向，挂线后将2个针目一起编织。

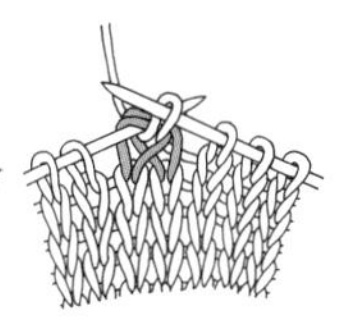

3 用右棒针将线拉出后，抽出左棒针。

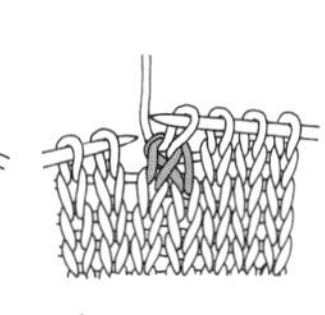

4 左上2针并1针完成。

上针的右上2针并1针

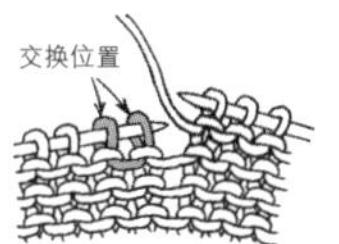

1 将左棒针一端的2个针目交换位置。

2 按照箭头方向，挂线后将2个针目一起编织上针。

3 上针的右上2针并1针完成。

※ 也可以将左棒针的2个针目，按照箭头方向入针后一起编织上针。

上针的左上2针并1针

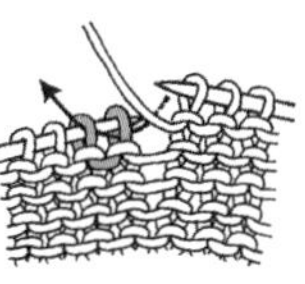

1 按照箭头方向，将右棒针一次性插入左棒针的2个针目中。

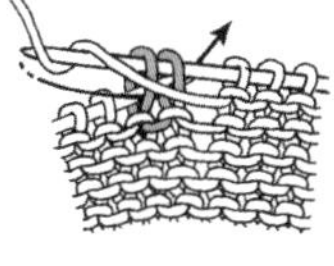

2 在针尖上挂线，按照箭头方向拉出。

3 2个针目一起编织上针后，抽出左棒针。

4 上针的左上2针并1针完成。

 左上 3 针交叉

（※即使针数不同，交叉方法也是一样的）

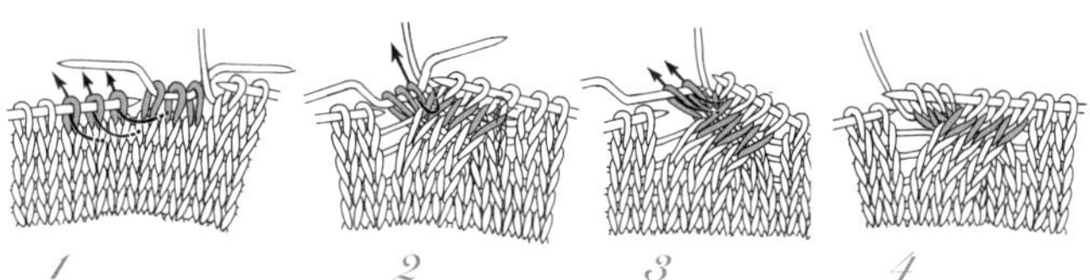

1 将左棒针的 3 个针目移至麻花针上，暂时休针，放在外侧。将右棒针插入第 4 个针目中，编织下针。

2 第 5、6 个针目也按照相同方法分别编织下针。

3 将移至麻花针上休针的 3 针依次编织下针。

4 左上 3 针交叉完成。

右上 3 针交叉

（※即使针数不同，交叉方法也是一样的）

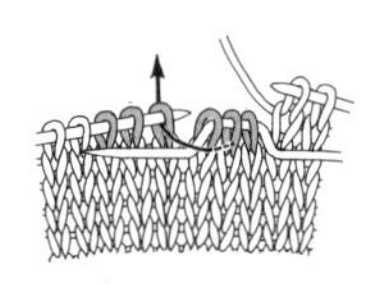

1 将左棒针的 3 个针目移至麻花针上，暂时休针，放在内侧。第 4 个针目编织下针。

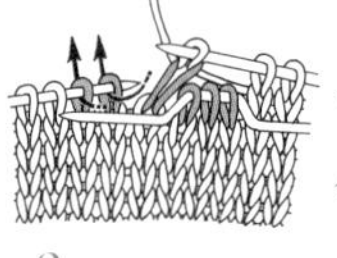

2 第 5、6 个针目也按照相同方法编织下针。

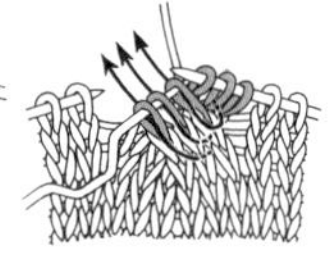

3 按照箭头方向，在移至麻花针上休针的 3 个针目依次编织下针。

4 右上 3 针交叉完成。

下针的扭加针

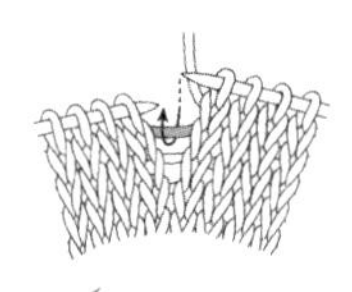

1 按照箭头方向，用右棒针将与下个针目之间的渡线拉起来。

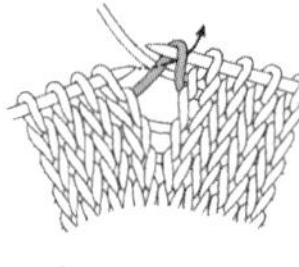

2 拉起来后，将线挂在左棒针上。

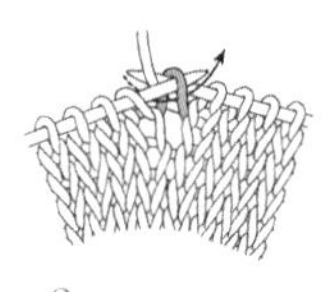

3 按照箭头方向，编织下针。

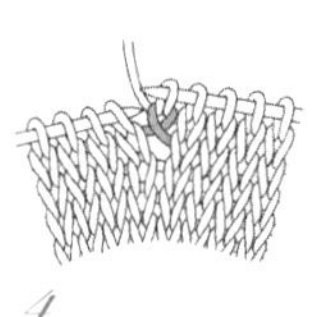

4 下针的扭加针完成。拉起来的针目被扭转，变成增加 1 针的状态。

上针的扭加针

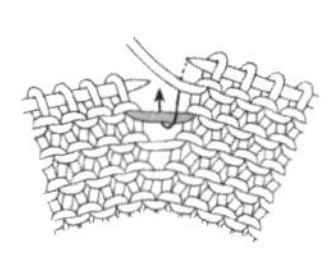

1 按照箭头方向，用右棒针将与下个针目之间的渡线拉起来。

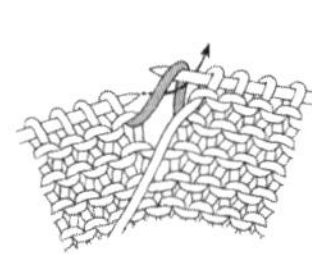

2 拉起来后，将线挂在左棒针上。

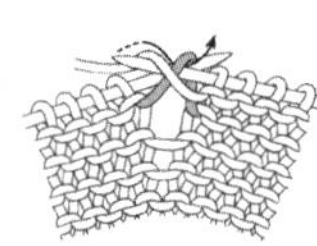

3 按照箭头方向，编织上针。

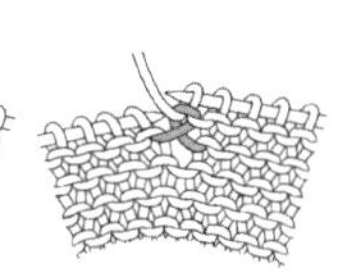

4 上针的扭加针完成。拉起来的针目被扭转，变成增加 1 针的状态。

下针的扭针

（※不加针时的扭针并非扭转渡线，而是扭转前一行的针目进行编织）

上针的扭针

（※不加针时的扭针并非扭转渡线，而是扭转前一行的针目进行编织）

单罗纹针收针

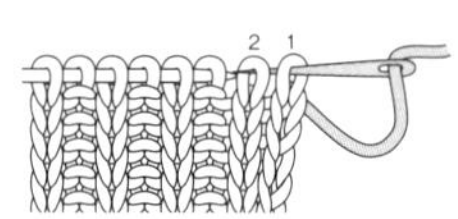

1 将手缝针穿入针目 1、2。

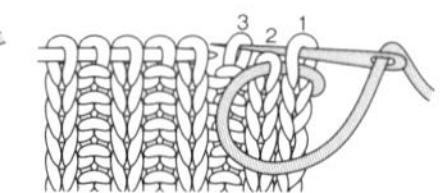

2 然后，从针目1穿入针目3。

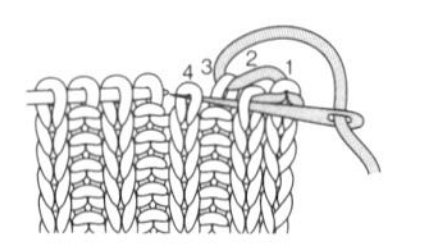

3 如图所示，将手缝针穿过相邻的下针。

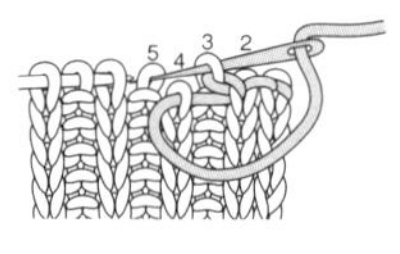

4 将手缝针穿过相邻的上针。按照所需针数，重复步骤3、4。

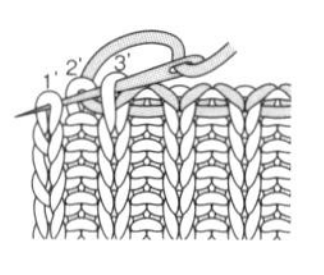

5 完成所需针数后，结束时将针穿过针目 3'、1'。

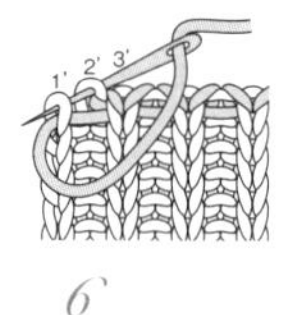

6 然后，将手缝针穿过针目 2'、1'，单罗纹针收针完成。

双罗纹针收针

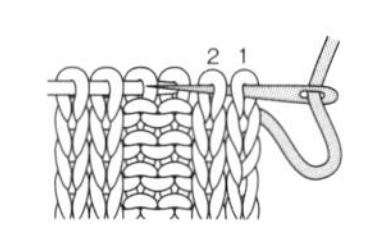

1 将手缝针穿入针目 1、2。

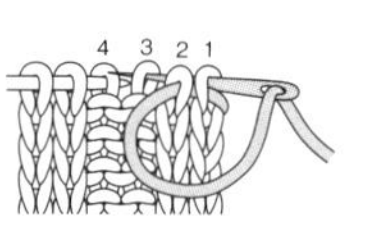

2 然后，从针目 1 穿入针目 3。

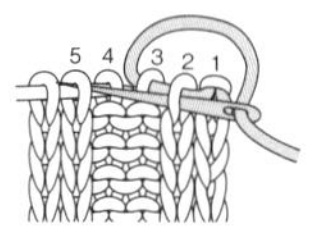

3 将手缝针穿过针目 2、5。

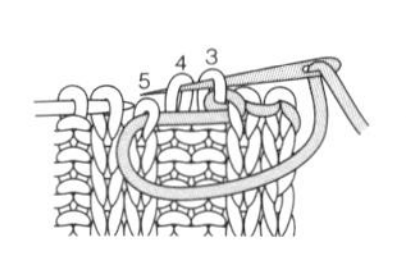

4 将手缝针穿过针目 3、4。

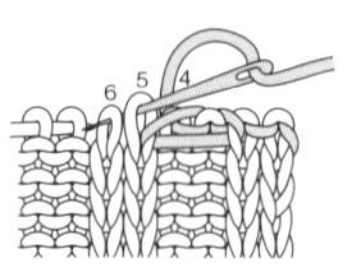

5 将手缝针穿过相邻的下针。

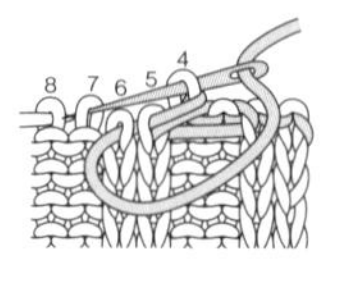

6 将手缝针穿过相邻的上针。按照所需针数，重复步骤5、6。

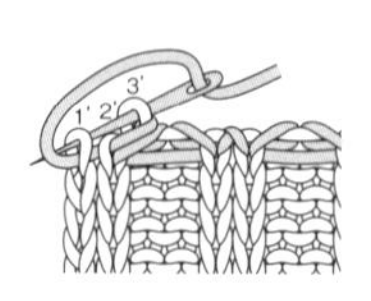

7 结束时，再一次将手缝针穿过上针和下针。双罗纹针收针完成。

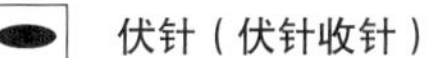

伏针（伏针收针）

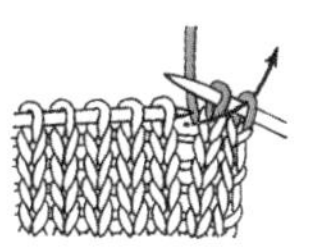

1 一端的 2 个针目编织下针，按照箭头方向，将左棒针插入右侧的针目中。

2 如图所示，将右侧的针目盖在旁边的针目上。

3 将左侧的针目编织 1 针下针，再将右侧的针目盖过去。重复此操作。

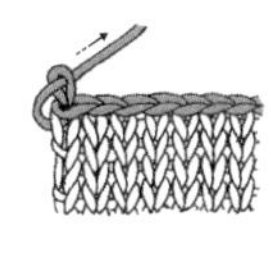

4 编织终点的针目，需如图所示将线头穿过针目后拉紧。

卷加针

1 将挂在手指上的线按照箭头方向挂在棒针上。

2 从线圈中抽出手指。

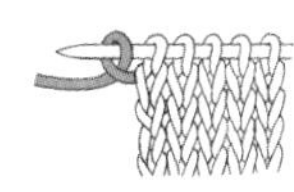

3 线被挂在棒针上，增加了 1 针的样子。

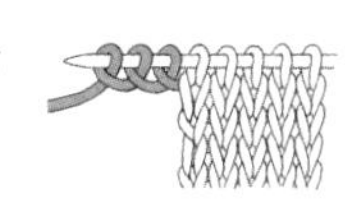

4 增加了 3 针的样子。

钩针编织的基础

锁针针目的看法

正面

反面

锁针的针目有正反之分，出现在反面中央的 1 条线，称为“里山”。

线和针的拿法

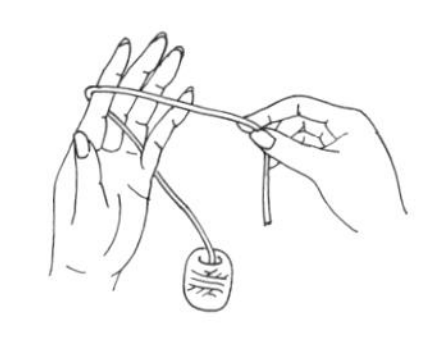

1 从左手的小指和无名指之间，将线拉至手心一侧，再挂在食指上，将线头拉至手心一侧。

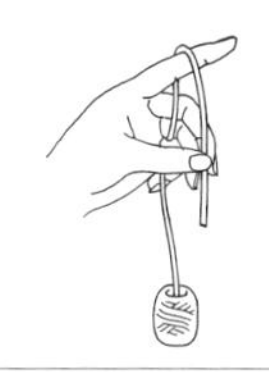

2 用拇指和中指捏住线头，伸直食指，将线拉紧。

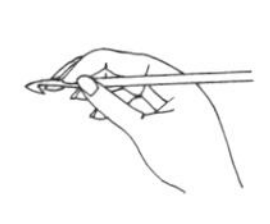

3 用右手拇指和食指握住钩针，中指轻轻扶住针尖。

最初的针目的制作方法

1 将钩针从线的外侧按照箭头方向转动针尖。

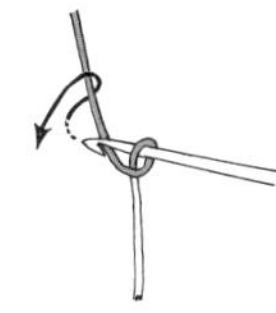

2 再将线挂在针尖上。

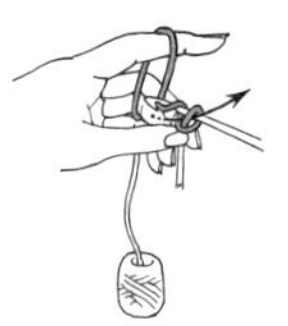

3 穿过线圈，将线拉至内侧。

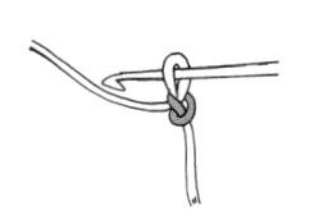

4 拉动线头，拉紧针目，最初的针目完成（这一针不计作第1针）。

编织针法及符号

锁针

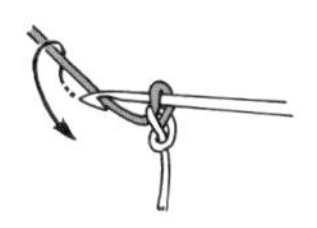

1 制作最初的针目，然后在针尖上挂线。

2 拉出挂着的线，锁针完成。

3 按照相同的方法，重复挂线和拉出的步骤，继续编织。

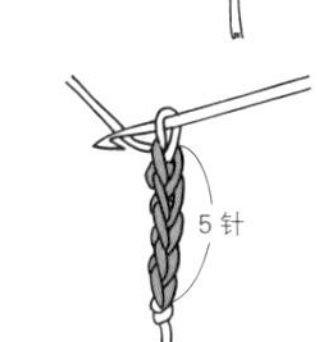
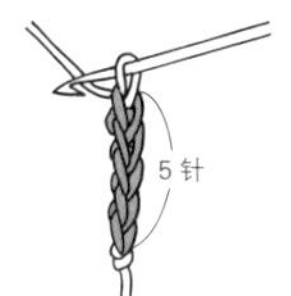

4 编织好 5 针锁针的样子。

引拔针

1 在前一行的针目中入针。

2 在针尖上挂线。

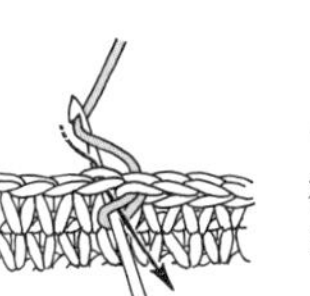

3 将线一次性引拔出。

4 1 针引拔针完成。

技法索引

图书在版编目（CIP）数据

原色线编织的棒针毛衣和小物/日本E&G创意编著；刘晓冉译.—郑州：河南科学技术出版社，2023.11
ISBN 978-7- 5725-1335-0

Ⅰ. ①原… Ⅱ. ①日… ②刘… Ⅲ. ①棒针—绒线—编织—图集 Ⅳ. ①TS935.522-64

中国国家版本馆CIP数据核字（2023）第205459号

●工作人员
图书设计　后藤美奈子
摄影　大岛明子（作品）、本间伸彦（制作过程、线材样本）
造型　铃木亚希子
发型　山田直美
作品设计　池上舞、冈真理子、冈本启子、风工房、镰田惠美子、河合真弓、武田敦子、野口智子、marshell、绿熊（Midorinokuma）
编织方法解说、绘图　加藤千绘、三岛惠子、村木美佐子、矢野康子
制作过程协助　河合真弓
编织方法校对　西村容子
企划、编辑　日本E&G创意（神谷真由佳）
●材料提供
本书的作品均使用和麻纳卡株式会社的线编织。
●摄影协助
finestaRt、BOUTIQUE JEANNE VALET

出版发行：河南科学技术出版社
地址：郑州市郑东新区祥盛街27号　　邮编：450016
电话：（0371）65737028　　65788613
网址：www.hnstp.cn
策划编辑：张　培
责任编辑：张　培
责任校对：王晓红
封面设计：张　伟
责任印制：张艳芳
印　　刷：北京盛通印刷股份有限公司
经　　销：全国新华书店
开　　本：889 mm × 1 194 mm　1/16　　印张：6　　字数：170千字
版　　次：2023年11月第1版　　2023年11月第1次印刷
定　　价：49.00元